输变电工程

绿色融合智慧建造手册

国网山东省电力公司建设公司 编

中国电力出版社
CHINA ELECTRIC POWER PRESS

内 容 提 要

为进一步提高输变电工程绿色建造水平，国网山东省电力公司建设公司组织编写了本书。

本书共分 8 章，系统介绍了输变电工程绿色建造概述、绿色建造管理、绿色策划、绿色设计、绿色施工、绿色移交、绿色评价、示范评选等内容，基本涵盖了输变电工程建设全过程，可以更好地服务输变电工程建设。同时，本书还提供了一些典型案例，对输变电工程绿色建造具有良好的指导意义。

本书适合输变电工程各参建单位、各项目部成员使用。

图书在版编目（CIP）数据

输变电工程绿色融合智慧建造手册 / 国网山东省电力公司建设公司编. -- 北京：中国电力出版社，2024. 11. -- ISBN 978-7-5198-9228-9

Ⅰ. TM7-62；TM63-62

中国国家版本馆 CIP 数据核字第 20241JS671 号

出版发行：中国电力出版社
地　　址：北京市东城区北京站西街 19 号（邮政编码 100005）
网　　址：http://www.cepp.sgcc.com.cn
责任编辑：刘　薇（010-63412357）
责任校对：黄　蓓　王海南
装帧设计：赵丽媛
责任印制：石　雷

印　　刷：廊坊市文峰档案印务有限公司
版　　次：2024 年 11 月第一版
印　　次：2024 年 11 月北京第一次印刷
开　　本：787 毫米×1092 毫米　16 开本
印　　张：13.5
字　　数：300 千字
定　　价：60.00 元

本书编委会

主　　任　尹晓敏

副 主 任　董贯雷　王　涛

委　　员　张映晖　田　婕　冉一丁　张　廷　张学凯
　　　　　刘忠声　史纪进　张利民

本书编写组

主　　编　董贯雷

副 主 编　王　涛　冉一丁　王佳科　王永发　张　廷
　　　　　许志建　张学凯　王晓燕　于千千　轩正杰

编写人员　张春健　刘志强　汤晓先　刘　欣　韩忠恕
　　　　　郭鸣锐　张福友　李　然　陈永辉　李　睿
　　　　　李金金　翟　乐　柴　沛　杨　博　吕　鹏
　　　　　朱子剑　娄凤强　焦平文　赵　斌　李乐蒙
　　　　　刘　慧　姜兆庆　刘永晓　伦崔巍　居　萍
　　　　　姜雅男　马成松　郝　瀚　孙尚屹　肖雪峰
　　　　　王　凯　王　昊　刘　锋

前言

2020 年 9 月 22 日，国家主席习近平在第七十五届联合国大会上宣布，中国力争 2030 年前二氧化碳排放达到峰值，努力争取 2060 年前实现碳中和目标。中共中央在《关于制定国民经济和社会发展第十四个五年规划和二〇三五年远景目标的建议》中提出“推动绿色发展，促进人与自然和谐共生。坚持绿水青山就是金山银山理念，坚持尊重自然、顺应自然、保护自然，坚持节约优先、保护优先、自然恢复为主，守住自然生态安全边界。”绿色建造作为当今时代发展的潮流，发展和应用前景广阔。为进一步提高输变电工程绿色建造水平，国网山东省电力公司建设公司组织编写了《输变电工程绿色融合智慧建造手册》。

本书共分 8 章，系统介绍了输变电工程绿色建造概述、绿色建造管理、绿色策划、绿色设计、绿色施工、绿色移交、绿色评价、示范评选等内容，基本涵盖了输变电工程建设全过程，可以更好地服务输变电工程建设。同时，本书还提供了一些典型案例，对输变电工程绿色建造具有良好的指导意义。

本书广泛征求了输变电工程建设领域相关专家的宝贵意见和建议，凝聚了输变电工程建设战线广大专业人员的心血和智慧。由于作者水平所限，书中难免存有不妥之处，恳请广大读者批评指正。

编　者

2024 年 9 月

目录

前言

第 1 章　绿色建造概述……1

1.1　背景……1
1.2　内涵与特征……2
1.3　名词术语……2

第 2 章　绿色建造管理……5

2.1　总体原则……5
2.2　工作目标……7
2.3　职责分工……7
2.4　工作思路……9

第 3 章　绿色策划……14

3.1　工作原则……14
3.2　实施要求……15
3.3　技术要点……16
3.4　典型案例……17

第 4 章　绿色设计……20

4.1　工作原则……20
4.2　实施要求……20
4.3　技术要点……21
4.4　典型案例……36

第 5 章　绿色施工……50

5.1　工作原则……50
5.2　实施要求……51

5.3 技术要点……55
5.4 典型案例……72

第 6 章 绿色移交……83

6.1 工作原则……83
6.2 实施要求……84
6.3 技术要点……85
6.4 典型案例……103

第 7 章 绿色评价……108

7.1 工作原则……108
7.2 实施要求……109
7.3 技术要点……113

第 8 章 示范评选……125

8.1 评选要求……125
8.2 典型工程案例……131

附录 A 绿色策划管理模板……174

附录 B 绿色设计管理模板……183

附录 C 绿色施工管理模板……187

附录 D 绿色移交管理模板……202

附录 E 绿色建造关键指标……206

第1章 绿色建造概述

本章主要介绍输变电工程绿色建造开展的背景、内涵与特征，并对输变电工程绿色建造常用的名词及术语进行解释。

1.1 背景

1.1.1 推动国家“双碳”目标落地和能源转型的必然要求

2020年，国家主席习近平在第七十五届联合国大会上做出“碳达峰、碳中和”重要论述后，全社会对于“能源转型、绿色发展”的理念和意识不断升华。实现“双碳”目标，是党中央做出的重大决策部署，是我国积极参与国际治理、协同应对全球气候变化、推动构建人类命运共同体的庄严承诺，为我国绿色低碳发展和生态文明建设描绘了宏伟蓝图，为电网企业高质量发展指明了方向。2021年，国家能源局研究出台了《能源碳达峰实施方案》，提出优化区域能源发展布局，重点建设国家“十四五”规划纲要提出的清洁能源基地和海上风电基地，统筹优化电力生产和输送通道布局，着力提升清洁电力占比，优先建设以输送清洁电力为主的输电通道，推动清洁能源消纳“零弃水”“零弃风”“零弃光”。

面对国家对能源转型、清洁能源消纳提出的更高要求，国家电网有限公司承担着清洁电力送出工程建设全过程管理重任，是推动“能源转型、绿色发展”在电网企业实施、推动能源互联网建设的掌舵者。因此，在输变电工程建设过程中，亟需推进全寿命周期理念，开展绿色融合智慧建造，打造以管理方案、技术标准、智能管控、数字移交及示范引领为整体框架的绿色建造管理机制，实现绿色建造融入输变电工程建设全过程管控，深入推进电网高质量建设，保障清洁能源安全高效输送，助力国家“双碳”目标落地实施。

1.1.2 贯彻国网“六精四化”和新发展理念的客观需要

国家电网有限公司为落实新型电力系统建设、绿色建造、智能建造等新要求，结合电网建设实际，完善基建专业管理体系，深化工程标准化建设，提升专业管理水平和整体建设能力，印发了《基建“六精四化”三年行动计划》，明确行动目标和重点工作任务，2022年度绿色优质达标率达到80%；立足新发展阶段，适应新发展形势，落实新发展理念，赋予基建标准化管理、工程标准化建设新内涵，开启基建“六精四化”（即精益求精抓安全、精雕细刻提质量、精准管控保进度、精耕细作抓技术、精打细算控造价、精心培育强队伍，标准化、绿色化、机械化、智能化）新征程，在专业管理上实施“六精”管理，在工程建设上实施“四化”建设，以标准化为基础、绿色化为方向、机械化为方式、智能化为内涵，推动工程建设能力水平再上新台阶。“绿色化”是近几年国家电网有限公司基建工程发展的主要方向，以推进传统施工工艺绿色升级革新，提升建设全流程碳减排量。

随着电网建设规模持续扩大和城市建设风貌日新月异，资源节约和环保水保压力持续增大，电网建设需与城市发展规划深度融合，打造网城融合典范，促进与自然环境和谐共生，亟需提升绿色融合智慧建造水平。因此，需要研究建立绿色融合智慧建造管理模式，继承发扬电网建设专业先进经验，落实环保水保要求，有效降低资源消耗和环境影响，实现电网建设综合效益最大化。

1.1.3 落实绿色低碳一体化建设的迫切需要

近几年电网基建投资持续快速增长，电网建设规模的不断扩大给电网建设的安全、质量和效率带来了更大的风险和挑战。面对当前严峻复杂的形势，亟需紧扣“一体四翼”业务发展布局，以新高地建设服务全省经济社会发展为目标，在输变电工程绿色低碳建设上承担起更大责任，全力支撑“建设最好的电网”，助力建设具有中国特色国际领先的能源互联网企业。但目前在输变电工程绿色建造方面仍面临诸多挑战：全寿命周期内绿色建造机制有待完善，立足源头统筹降碳策略有待提升；与城市发展规划融合程度不深，立足网城融合共享理念策划深度有待提升；应用数字技术赋智赋能手段不充分，立足智慧工地建设减负增效有待提升。

1.2 内 涵 与 特 征

绿色建造是按照绿色发展的要求，通过科学管理和技术创新，采用有利于节约资源、保护环境、减少排放、提高效率、保障品质的建造方式，实现人与自然和谐共生的工程建造活动。

绿色建造统筹考虑建筑工程质量、安全、效率、环保、生态等要素，坚持因地制宜，坚持策划、设计、施工、交付全过程一体化协同，强调建造活动的绿色化、工业化、信息化、集约化和产业化的属性特征。

1.3 名 词 术 语

1.3.1 输变电工程

将电能的特性（主要指电压、电流）进行变换并从电能供应地输送至电能需求地的建设项目，可以分为交流输变电工程和直流输电工程，其中交流输变电工程包括输电线路和变电站（或开关站、串补站），直流输电工程包括输电线路、换流站和接地极系统。

1.3.2　输电线路

用于电力系统两点间输电的导体、绝缘材料、杆塔等组成的设施，形式通常包括架空输电线路、电缆线路、气体绝缘金属封闭输电线路。

1.3.3　变电站

电力系统的一部分，其功能是变化电压等级、汇集配送电能，主要包括变压器、母线、线路开关设备、建（构）筑物及电力系统安全和控制所需的设备。

1.3.4　绿色策划

因地制宜对工程建造全过程、全要素进行统筹，科学确定绿色建造目标及实施路径的工程策划活动。

1.3.5　绿色设计

贯彻绿色建造理念，落实绿色策划目标的工程设计活动。

1.3.6　绿色施工

在保证工程质量、施工安全等基本要求的前提下，以人为本，因地制宜，通过科学管理和技术进步，最大限度地节约资源，减少对环境负面影响的施工及生产活动。

1.3.7　绿色移交

在绿色建造效果评价的基础上，制定移交策略、移交标准、移交方案，采用实体与数字化同步移交的方式，完成工程验收和移交的活动。

1.3.8　绿色建材

在全寿命周期内可减少对资源的消耗和对生态环境的影响，具有节能、减排、安全、健康、便利、可循环等特征的建材产品。

1.3.9　绿色性能

涉及建筑安全耐久、健康舒适、生活便利、资源节约（节地、节能、节水、节材）和环境宜居等方面的综合性能。

1.3.10　绿色建筑

在全寿命周期内，节约资源、保护环境、减少污染，为人们提供健康、适用、高效的使用空间，最大限度地实现人与自然和谐共生的高质量建筑。

1.3.11 低能耗建筑

采用先进的设计、技术和建筑材料，以最小化能源消耗为目标，从而减少建筑物对外部能源的依赖，提高能源利用效率，降低对环境的不良影响的一种建筑形式。

1.3.12 零碳建筑

在建筑设计、建造和运营的全寿命周期内，将碳排放量降至最低或完全消除的一种建筑形式。

1.3.13 绿色施工评价

对工程建设项目绿色施工水平及效果所进行的评估活动。

1.3.14 智慧工地

综合采用各类信息技术，围绕人员、机械设备、材料、方法、环境等施工现场关键要素，具备信息实时采集、互通共享、工作协同、智能决策分析、风险预控等功能的数字化施工管理模式。

1.3.15 建筑信息模型（BIM）

在建筑工程及设施全寿命周期内，对其物理和功能特性进行数字化表达，并依此设计、施工、运营的过程和结果的总称。

【思考题】

1. 输变电工程绿色建造当前存在哪些问题？
2. 绿色建造的内涵与特征是什么？
3. 输变电工程绿色建造分为哪几个阶段？

第 2 章

绿色建造管理

本章围绕输变电工程绿色建造管理工作，系统介绍了绿色建造的总体原则、工作目标、职责分工、工作思路，明确了绿色建造应遵守的原则、目标及各参建单位职责等，为输变电工程全寿命周期绿色建造指明了方向。

2.1 总 体 原 则

坚持以习近平新时代中国特色社会主义思想为指导，通过科学管理与技术创新，推动输变电工程全面实施绿色建造，更加有利于节约资源、保护环境、减少排放、提高效率、保障品质，实现人与自然和谐共生。

坚持系统观念，对策划、设计、施工、移交、评价等环节进行统筹协调，对安全、品质、生态、效率、成本、人文等要素进行总体平衡，逐步形成输变电工程全要素的绿色建造发展模式。

2.1.1 绿色策划精益化

开展绿色建造策划，科学制定总体目标和资源节约、环境保护、减少碳排放、品质提升、职业健康安全等分项目标，明确主要控制指标，充分体现“绿色低碳型、节能环保型、精益化管理、标准化设计、智能化建造”特征。

（1）分级开展绿色策划。建设单位应在工程可研阶段统筹考虑绿色建造相关要求，在可研批复后编制绿色总体策划；设计单位应在初设阶段编制绿色设计策划；施工单位应在工程开工前编制绿色施工策划。建设单位应在工程竣工前编制绿色移交策划。绿色建造策划应遵循因地制宜原则，做到定位准确、目标合理、指标先进、措施到位。

（2）加强绿色建造新技术应用。绿色建造应统筹考虑经济性和适用性，优先采用“建筑业十项新技术”“国家重点节能低碳技术”“电力行业五新技术”和国家电网有限公司“基建新技术”，在策划中明确应用目录清单。应积极应用国家电网有限公司创新工法成果，加大机械化施工工法创新力度，提高机械化、智能化水平，提升建设效率，降低对资源、环境的影响。

2.1.2 绿色设计标准化

（1）输变电工程绿色设计应统筹变电、线路、电缆工程各相关专业，统筹策划、设计、施工、移交等建造全过程，通过各专业、各环节间的深度协同，实现工程全寿命周期系统化集成设计。

（2）推进绿色设计协同。建立涵盖设计、施工、物资、运行的设计协同机制，实现物资、施工、运行各方的前置参与，统筹管理可研、初设和施工图设计，提升设计效率和设计质量。推行标准化、模块化设计，固化构件选型和专业接口设计，实现建筑构配件与设备之间的模数协调统一，提高工程的易造性。应综合考虑地形地貌、交通条件，比选优化架空输电线路塔位布置，创造良好的机械化施工条件；有效利用地域自然条件，优化变电站场地平面设计及竖向布置，提高资源利用率和施工便捷性。

（3）推进绿色数字设计。鼓励采用建筑信息模型（BIM）正向设计，优化设计流程，支撑不同设计专业间以及设计与物资、施工、运行的数据交换和信息共享。将常用的标准化部品构件、电气设备等进行建模，逐步丰富和完善模型库资源。变电工程宜实现综合碰撞检查、防雷保护范围计算、三维接地网布置、自动导出材料清单等。线路工程宜实现路径优化选线、电气间隙自动计算、空间距离的精确校验等；应利用三维可视化选线技术，在三维真实场景中进行路径方案的优选。

（4）推进设备材料绿色选型。遵循安全健康、环境友好、性能优良的原则，推广可循环利用建材、高强度高耐久建材、绿色部品部件、绿色装饰装修、节水节能建材、节能环保设备等绿色产品。优先选用获得绿色建材评价认证标识的建筑材料和产品，因地制宜选择地方性建筑材料。推荐采用低噪声低损耗变压器、环保气体绝缘设备、可调节自承式电缆支架、低烟无卤阻燃电缆、预制光缆，合理选用预制舱式二次组合设备；积极应用节能导线，择优采用高强钢和耐候钢塔材。

2.1.3 绿色施工智能化

输变电工程绿色施工应按照循环经济的减量化、再利用、再循环的原则，保护和高效利用资源。应坚持以人为本，鼓励对传统施工工艺进行绿色化升级革新，积极应用先进工法，提高机械化应用水平和应用率，改善作业条件。

（1）推进绿色施工保护环境。积极应用施工扬尘控制、封闭降水及水收集综合利用、施工噪声控制等新技术，严格使用六氟化硫气体回收装置，有效采取减少污水排放和光污染的措施，确保环境指标符合国家标准要求。推广应用装配化施工工艺、干式施工工法及集成模块化部品部件，减少现场切割及湿作业；优先选用绿色材料，规范废弃物处理方式，从源头减少有毒有害废弃物的产生。

（2）推进绿色施工节约资源。积极采用精益化施工组织方式，减少资源的消耗与浪费。推广应用工具式定型化临时设施、销键型脚手架及支撑架，鼓励应用组合铝合金模板、组合式带肋塑料模板施工技术，提高工业化程度和重复利用率。鼓励应用施工现场太阳能、空气能利用技术，降低能源消耗。推广预制构件工厂化生产加工，鼓励采用建筑用成型钢筋制品加工与配送，降低建筑材料损耗率。减少施工现场和临时用地的地面硬化，充分利用再生材料或可周转材料。

（3）推进绿色施工智能管控。宜结合基建数字化平台建设，推广智慧工地模式，基于统一数据标准，实现信息互通共享、工作协同、智能决策分析、风险预控，对施工现场调度、计划管理、安全质量监控等环节进行信息即时采集、记录和共享。鼓励应用绿色施工在线监测评价技术，以数字化的方式对施工现场各项绿色施工指标数据进行实时监测，实现自动记录、统计、分析、评价和预警。

2.1.4　绿色移交数字化

（1）严格验收移交标准执行。严格落实环保水保设施与主体工程同时设计、同时施工、同时投产使用。建设单位应组织或委托第三方检测机构，开展工程项目大气污染、固体废物污染、噪声、电磁环境等相关检测，并在规定时间内完成环保水保验收工作。建设单位应组织设计、监理、施工等参建单位在规定时间内移交工程档案，按照绿色移交标准及成果要求提供实体移交及数字化移交成果。数字化移交成果应保证与实体移交成果信息的一致性和准确性。

（2）严格绿色建造效果评估。建设单位负责组织开展绿色建造自评价，建设过程中加强动态检查评估，确保工程建设满足绿色建造要求，并在工程投产后向省公司提交绿色建造评价申请。在工程竣工后，结合达标投产考核开展绿色建造评价，全面评估绿色建造成效，建立适应自身特点的绿色建造模式。

2.2　工　作　目　标

总体目标：安全优质、绿色低碳、经济高效、资源节约、环境和谐。

阶段目标：“十四五”末，形成输变电工程绿色建造品牌；建立输变电工程绿色建造示范工程储备、建设、评选机制；深入开展输变电工程绿色建造，绿色建造评价合格率 100%、优良率不低于 90%，创建一批行业领先的绿色建造评价星级项目。

示范工程目标：输变电工程绿色建造评价结果达到“优秀”评价标准。建筑垃圾综合利用率、节水率、节能率 3 项资源节约关键指标不低于 85%，临时用地恢复率、污水达标排放率、施工场地扬尘控制合格率、噪声排放合格率 4 项环境保护指标达到 100%，碳排放核算率、绿色建材应用率 2 项减少排放指标不低于 80%，变电站预制件使用率指标达到 100%；工程建设过程中不发生一般及以上质量事故、一般及以上安全事故和环境事故。

2.3　职　责　分　工

2.3.1　法人职责

（1）负责公司所辖工程绿色建造的归口管理工作。

（2）负责公司所辖工程绿色建造的监督指导工作。

（3）负责组织各单位在工程竣工后开展绿色建造评价工作，全面评估绿色建造成效。

（4）负责协调创建国家级优质工程的绿色建造评价相关工作。

2.3.2 建管单位职责

（1）负责建设工程的绿色建造的监督、管理。明确建设项目绿色建造的目标，明确必须遵守的绿色建造法规、标准，建立健全绿色建造监督体系。

（2）组织参建单位开展绿色设计、施工、交付策划及实施工作。

（3）组织参建单位配合上级主管部门对工程实施绿色建造的监督、检查工作。

（4）组织协调、监督参建单位的绿色建造管理工作。

（5）组织参建单位开展工程阶段性及竣工投产后的绿色建造评价。

（6）组织参建单位编制绿色建造总结。

2.3.3 业主项目部职责

（1）组织编制工程绿色总体策划，明确工程绿色建造目标。

（2）审核设计、监理、施工绿色建造策划实施文件。

（3）组织阶段性检查，督促参建项目部按照策划文件开展绿色建造相关工作。

（4）组织参建项目部编制绿色建造总结。

2.3.4 设计单位职责

（1）编制绿色设计策划。

（2）在施工图中落实绿色建造设计策划要求，填写绿色设计执行情况记录表。

（3）对工程现场绿色建造措施实施情况进行符合性确认。

（4）提供工代服务，为工程绿色建造全过程提供技术支持。

（5）编制绿色设计总结。

2.3.5 监理单位（监理项目部）职责

（1）在监理规划中编制绿色建造控制措施。

（2）审查绿色设计策划，检查实施情况，填写检查记录表。

（3）审查绿色施工策划，在施工过程中进行监督检查。

（4）参加绿色建造阶段性评价，对绿色建造实施情况进行阶段性总结。

（5）进行绿色建造监理总结。

2.3.6 施工单位（施工项目部）职责

（1）建立绿色建造管理体系，制定管理制度。

（2）编制绿色施工策划。

（3）开工前，制定施工现场环境保护和人员安全与健康等突发事件的应急预案。

（4）在施工过程中，落实绿色建造策划实施内容，填写绿色建造施工记录表，对整个施工过程定期实施动态管理记录。

（5）组织绿色建造教育培训，增强施工人员绿色建造意识。

（6）配合业主、监理单位组织的阶段性检查和评价。

（7）编制绿色施工总结。

2.4 工 作 思 路

全面贯彻创新、协调、绿色、开放、共享的新发展理念，全面实施输变电工程绿色建造，推进能源转型，构建绿色建造全过程管理模式，建立输变电工程绿色建造“体系、指引、样板、典范、品质”，深入推进全景融合共享，实现输变电工程建设由传统模式向绿色建造方式转型升级。

2.4.1 注重源头策划，建立绿色建造管理体系

（1）制定绿色建造实施意见，统筹明确管控要点。为全面实施输变电工程绿色建造，以“绿色化”为方向，突出源头管控、一体协同，全过程践行绿色发展理念，加强输变电工程在前期阶段的绿色建造管控，推进全寿命周期电网建设绿色化，制定《输变电工程前期阶段绿色建造实施意见》，分别从提升环境（文化）融合水平、新技术研发与应用水平、三维设计应用水平、绿色设备材料选用水平、模块化建设水平五个方面，明确前期阶段绿色建造的管控要点。细化工程建设各阶段绿色建造的工作措施和工作流程，将管控重点提前至可研阶段，在可研启动时即统筹纳入环境（文化）融合、模块化建设、新技术研发等目标要求，应用一系列绿色化升级改革新关键技术，推进全寿命周期电网建设绿色化。

（2）组建绿色建造专家库，提供专业技术支撑。打造一批管理理念先进、技术水平高超的绿色建造管理专家，夯实绿色建造管理队伍基础，确保绿色建造管理岗位人员配置到位、能力达标。组织绿色建造管理性、指导性文件的修编工作，强化绿色建造专家对监督体系支撑作用，组织完成绿色建造管理专家资格预审、培训和考试工作，建立省公司级绿色建造管理专家库，覆盖变电土建、电气、线路、电缆四个专业。专家库成员在专业领域具有制度政策建议权、专业监督检查权、专业水平评价权，切实发挥专业支撑作用，将理论与实践相结合积极推进管理提升，将现场专业执行监督与指导相结合，以点带面推动专业水平提升。对专家库成员定期开展业务培训，及时掌握最新绿色建造要求及技术标准，建立“能进能出”的考核机制，杜绝“专家不专”现象发生。在各项检查、评比工作中，对绿色建造问题多发、易发的项目实施“精准帮扶”，在绿色建造策划、标准化转序、环保水保验收等关键环节开展技术支撑，发挥专家团队专业技术优势，支撑重点工程建设。

（3）立足前期“四阶段”，推进源头“五提升”。以项目建设为主线，在项目建设前期的项目筹备、可研、初设、施工图四个阶段，大力提升环境（文化）融合、新技术研发与应用、正向三维设计应用、绿色设备材料选用、模块化建设水平，并将各阶段管控重点前移，从源头上做好“五提升”。可研启动时，建设单位要向设计单位明确绿色建造目标，按需开展设计施工、绿色建造、智能建造等系列关键技术攻关，设计单位开展可研绿色设计专篇、绿色设计应用清单会审，形成绿色设计专篇专家会审意见，做好建筑设计与自然生态环境的相互协调，提升环境（文化）融合水平。初设启动前，设计单位根据初设绿色设计专篇、绿色总体策划，编制绿色设计策划，并完成初设阶段绿色设计自评。在设计中积极采用自主研发新技术、新工艺、新流程、新材料、新装备、新产品等，推进基于建筑信息模型（BIM）的三维数字化设计，采用高强、高性能、高耐久性和可循环材料以及先进适用技术体系等开展工程设计，提升新技术研发与应用、正向三维设计应用及绿色设备材料选用水平。设计交底时，设计单位针对绿色施工技术要求进行交底，业主、监理、施工、运检单位进行会检。工程开工前，施工单位编制绿色施工策划，监理单位在监理规划中明确绿色建造、控制的手段和措施，建设过程中积极采用装配式结构、预制构件、装配式装修，采用高可靠性、少维护量的集成设备，努力提升模块化建设水平。

2.4.2 注重标准升级，建立绿色建造规范指引

（1）制定绿色建造设计标准，明确“怎么选”。由于设计人员对绿色建造认识模糊，理解不深入，从而无法选择因地制宜的设计方案。为明确并深挖绿色建造设计标准，研究制定合适的绿色设备选型，立足设计前端筑牢“标准化、机械化、绿色化、智能化”建设基础，提出被动式超低能耗建筑、装配式构筑物、绿色智能照明设计等技术方案，梳理绿色建材、施工工艺、施工工法，形成“输变电工程绿色建材推荐清单”“输变电工程绿色设备选型推荐清单”，明确“怎么选”。研究制定《输变电工程绿色设计导则》，指导设计单位规范开展绿色建造工程设计。

（2）制定绿色建造施工标准，明确“怎么干”。目前输变电工程绿色施工主要参考建筑工程绿色施工规范，不能完全覆盖输变电工程各专业，缺少电气设备安装、架空线路施工、电缆线路施工等相关专业绿色施工标准，因此进一步明确输变电工程绿色施工策划及实施标准刻不容缓。为更好地适应当前输变电工程绿色施工管理现状，结合输变电工程建设特点和具体要求，制定《输变电工程绿色施工导则》，策划实施节水、扬尘、噪声等系统治理方案，形成工程建设全过程“四节一环保”一体化方案，明确“怎么干”。标准需涵盖绿色施工基本要求、绿色施工策划、绿色施工实施要求。其中，“基本要求”明确绿色施工遵循的基本原则、基本规定和实施内容；“绿色施工策划”明确建设、监理、施工等参建单位开展绿色施工策划的编写程序和主要内容；“绿色施工实施要求”明确施工场地及临建设施、变电土建施工、变电电气施工、架空线路施工、电缆线路施工等专业绿色施工实施要求。施工单位按照“因地制宜、结合实际、可操作性、科学合理”等原则，根据绿色施工策划要求进行施工组织设计、

施工方案编制，加强对整个施工过程的管理和监督，同时结合工程特点开展绿色建造施工过程交底、培训，进行绿色施工宣传教育，确保目标、计划、措施的有效落实。

（3）制定绿色建造评价标准，明确“怎么评”。输变电工程绿色建造评价是对工程现场落实绿色建造措施的有效保障，立足当前输变电工程绿色建造评价管理现状，结合输变电工程建设特点和具体要求，制定《输变电工程绿色建造评价标准》。标准需涵盖绿色建造评价的基本要求、管控标准、资源节约评价标准、绿色环保评价标准和量化限额控制指标。其中，“基本要求”明确绿色建造评价标准的基本规定、评价内容及方法；“绿色建造管控水平”明确建设、设计、监理、施工等参建单位在绿色建造管控过程中的工作内容；“资源节约评价标准”明确节能与能源利用、节地与土地资源利用、节水与水资源利用、节材与材料资源利用、人力资源节约与职业健康安全等方面的评价内容；“绿色环保评价标准”明确资源保护、人员健康、扬尘控制、废气排放控制、建筑垃圾处置、污水排放、光污染控制及噪声控制等方面的评价内容；“量化限额控制指标”明确节能与能源、节地与土地资源、节水与水资源、节材与材料资源、人力资源节约与职业健康安全、环境保护等方面的限额控制指标。

2.4.3　注重技术创新，建立绿色建造场景样板

（1）基于三维设计成果实现绿色设计。大数据、云计算等信息技术快速发展，为电网企业的生产方式变革带来新的契机。三维数字化技术在工程建设全过程中的深入应用是当前三维数字化电网建设的行业趋势，利用三维全要素数据平台成果，结合基础数据和工程三维模型采用智能避让等手段，实现变电站多方案比选及线路路径多方案智能规划，辅助设计人员完成设计，提高选站选线效率和精确性。形成“基于三维设计成果的数字化智慧建设”平台，能够有效提高设计质量和设计效率，对有序推进输变电工程绿色设计进程具有重要意义。

整合电网所涉及区域的地理信息数据、电网专题数据及电网规划数据，建设电网工程信息平台，实现基础资源数据的贯通、共享。平台能够解决多源异构数据管理和应用难题，全面提升工程规划效率和质量，同时能够实现电网工程及其关联数据的一次录入多次复用，降低工程设计、建设及管理企业重复获取数据的资源浪费，提高工程建设全寿命周期绿色建造管理水平。

（2）基于数字化转型成果实现工程绿色移交。数字化时代的到来给电网企业发展带来了机遇和挑战，将领先的数字化技术应用于全寿命周期管理，有利于提高企业核心竞争力。输变电工程传统的移交过程由于各类事项顺序固定，移交只能于施工完成后进行，从而造成返工问题严重并浪费大量人力物力，移交周期冗长且易造成疏漏。为优化绿色移交过程，基于工程建设数字化转型成果，推行“智慧基建”模式，依托基建数字化平台，研发工程资料（档案）智能归集移交功能，明确工程资料（档案）智能归集移交范围，开发线上生成、流转、签章原生电子文件，建立不同平台间文件共享机制，构建与档案管理系统的移交程序，形成“来源可靠、程序规范、要素合规”完整高质量的输变电工程电子档案，推进基建业务全线上

流转和全过程控制，实现工程资料（档案）数字化管理、一键式移交。

统筹考虑生产运维需求，基于工程建设数字化转型成果，创新隐蔽工程“码上移交”，推动交接试验与实物ID“智能移交”，策划数字化档案“一键移交”，逐步推进数字化成果与工程实体规范同步移交，助力工程投产后全寿命周期“绿色低碳”价值持续发挥。

2.4.4 注重示范引领，建立绿色建造建设典范

（1）开展绿色建造示范工程评选，发挥引领作用。为推动电网建设高质量发展，打造电网建设新高地，按照“过程建示范，投产创精品”总体思路，组织开展“绿色建造示范工程及精品工程”建设评选活动，带动引领电网建设工程质量再上新台阶。根据《输变电工程绿色建造指引》和质量提升专项行动要求，开展绿色建造示范工程建设，参选项目须满足规模要求、依法合规手续齐全、处于施工高峰期、开工以来未发生安全质量事故，重点检查工程建设依法合规、标准化转序、标准工艺示范、绿色建造示范及质量提升专项行动相关要求落实情况。在绿色建造示范工程建设现场组织开展经验交流现场观摩活动，系列典型做法得到推广，发挥示范引领作用。

（2）发布绿色建造典型做法清册，打造示范样板。组织梳理绿色策划、绿色设计、绿色施工、绿色移交四类典型做法，形成《输变电工程绿色建造典型做法清册》，打造绿色样板选用典范。同时形成预制构件、绿色照明、工程节水、工程降噪、实物“ID”与基建数字化融合、数字化档案一键移交等典型案例。

2.4.5 注重智慧融合，建立绿色建造共享品质

（1）与城市发展规划深度融合，打造网城融合示范。聚焦“与环境和谐、与居民友善”，提升电网与城市融合水平。以电网全场景融合研究为契机，试点探索“规划融合、建筑融合、文化融合、多站融合”资源服务型电网工程建设，增强电网工程与城市总体规划及建筑的空间协调性、风貌整体性、文脉延续性，推动电网工程由“工业建筑物”向“城市风景线”转变，助力电网品质升级。规划融合即将变电站站址及线路走廊全部纳入城市总体规划基础设施黄线保护，变电站布局充分结合山体地形、分层布置错落有致，线路走廊充分利用公共绿地及道路沿线，与城市规划有机融合；建筑融合即秉承城市特色建筑，提取城市常用色彩、周围建筑风格等要素，变电站外观设计借鉴城市典型建筑或周边建筑风格，与周边城市环境协调融合；文化融合即寻求与地理历史文脉的交流与对话，变电站外观融合了本地的历史、人文等多个文化元素，打造文化融合典范；多站融合即合理规划空间布局，打造集变电、充电、储能、光伏等多功能于一体的新型基础设施，变“邻避”为“邻利”，提升资源利用效率和对外服务能力。

（2）应用数字技术智能化手段，赋能智慧工地建设。聚焦“智能化减人、机械化代人”，提升电网工程建设智能化水平。以智慧工地建设为载体，强化基于BIM技术的“六精四化”落地研究，全方位建设自动感知、智能管控的智慧工地，全面推广工程电子档案智能“线上

组卷”“一键移交”，打造基于数字技术探索节约资源、保护环境、减少排放、提高效率、保障品质的建造实践。

依托试点工程，应用交接试验智能管控系统，自动甄别试验仪器、人员的定检效期，自动获取试验数据，智慧判定试验结论，实现施工“智能化”。三维设计图元导入混合现实（MR）软件平台，直观展示变电站三维模型，精确指导施工过程，降低人力、物力成本，实现施工“可视化”。升级施工装备，拓展施工“机械化”。在数字化移交方面，创新制作隐蔽工程二维码，通过移动终端扫描直观展现墙体预埋管线、光纤二次回路等隐蔽工程相关信息，有效指导后期运维检修。推动“电气设备交接试验智能管控系统”与“实物 ID 嵌入流程管控系统”数据融合，强化建设与运检跨专业协同和数据共享，避免交接试验信息重复录入，切实为基层减负增效。利用电子签章、电子签名技术，保证电子文件真实性、完整性、可用性、安全性；开发工程档案组卷、移交功能，预设文件与卷册关联关系，规范元数据、内容样式、文件格式等标准，辅助智能自动组卷、一键移交。

【思考题】

1. 输变电工程绿色建造的总体原则是什么？
2. 输变电工程绿色建造的工程目标是什么？
3. 输变电工程绿色建造相关单位职责是什么？

第3章

绿色策划

输变电工程的项目前期、工程前期、工程建设、移交阶段具有时间跨度长，前后衔接紧密的特点。绿色建造应统筹考虑安全、质量、效率、造价、环保、生态等要素，将绿色发展理念融入工程策划、设计、施工、移交的建造全过程，为加强输变电工程全过程绿色建造的有效落地，确保在项目前期、工程前期、工程建设阶段绿色建造工作有据可依，并且具有充足的资金支持，需要开展周密详细的绿色策划工作。

3.1 工 作 原 则

绿色策划是指因地制宜对工程建造全过程、全要素进行统筹，科学确定绿色建造目标及实施路径的工程策划活动。

绿色策划的工作原则包括：

（1）注重源头策划，解决可研、初设等环节绿色策划深度不足的问题，立足前期“四阶段”（项目建设前期的项目筹备、可研、初设、施工图四个阶段），助推源头提升环境（文化）融合提升、新技术研发与应用提升、三维设计应用提升、绿色设备材料选用提升、模块化建设水平提升。

1）提升环境（文化）融合水平。设计单位应做好建筑设计与自然生态及周边环境的相互协调，全面统筹场地、建筑空间、室内环境、电气设备等因素，因地制宜策划设计方案，保障性能综合最优，环境扰动最小，并符合建筑外观、噪声、绿化等方面的要求，体现人与自然和谐共生的可持续发展理念。

2）提升新技术研发与应用水平。设计单位在设计过程中应积极采用自主研发新技术、新工艺、新流程、新材料、新装备、新产品等，积极应用创新工法及创新成果，积极应用建筑业十项新技术、国家重点节能低碳技术、电力建设“五新”技术、国家电网有限公司基建新技术等。

3）提升三维设计应用水平。设计单位应积极推进基于建筑信息模型（BIM）的三维数字化设计，形成建筑、结构、设备、装修等多专业一体化协同设计模式，统筹可研、初设、施工图设计环节，深化设计、施工、物资、移交、运行等全方位应用，实现输变电工程全寿命周期系统化集成设计。

4）提升绿色设备材料选用水平。设计单位应树立全寿命周期理念，统筹考虑工程全寿命周期的耐久性、可持续性，鼓励采用高强、高性能、高耐久性和可循环材料以及先进适用技术体系等开展工程设计。应充分调研工程所在地的建筑材料状况，因地制宜选择地方性建筑材料，优先选用获得绿色建材评价认证标识的建筑材料和产品，并确定各类建材及设备的设计使用年限。

5）提升模块化建设水平。设计单位应积极应用《变电站模块化建设技术导则》，推进主要设备更集成、预制装配更高效、二次系统更智能、建设运行更环保。积极采用预制构件、装配式结构和装修，提高预制装配率及标准化程度；优选电气设备型式，采用可靠性高、维护量少的集成设备。

（2）完善输变电工程全寿命周期内绿色建造机制，立足源头统筹降碳策略。增强可研、初设等环节绿色专篇设计深度，策划低能耗设备选型、绿色建材选用等具备可操作性的技术方案，增强建设、运维环节降碳能力。

（3）绿色策划应包括绿色总体策划、绿色设计策划、绿色施工策划。建设单位应在可研阶段统筹考虑绿色建造相关要求，建设、设计、施工单位应在绿色策划文件中明确绿色建造管理组织机构及职责分工。绿色总体策划应明确绿色建造总体目标及分项目标，绿色设计策划、绿色施工策划应细化各分项目标及实施路径。

3.2 实 施 要 求

（1）创建国家级优质工程的项目宜单独编制上述三类策划文件，其他工程可将其纳入设计说明书、工程建设管理纲要、项目管理规划等。

（2）绿色设计策划应由设计总工程师组织编写并审核，设计单位分管领导批准。应以保障性能综合最优、运行维护便捷、环境扰动最小为目标，明确绿色设计目标、实施路径、设计指标和技术措施。

（3）绿色设计策划的项目定位与目标分析应包括项目自身特点和要求、需达到的国家评价标准和国家电网有限公司绿色建造评价体系的相应等级或要求；并确定适宜的实施目标，包括节地与室外环境的目标、节能与能源利用的目标、节水与水资源利用的目标、节材与材料资源利用的目标、室内环境质量的目标、运行管理的目标等。

（4）监理单位应在监理规划等策划文件中明确绿色建造检查、控制的手段和措施。

（5）绿色施工策划应由施工项目部负责编写，施工单位专业部门审批，施工单位技术负责人批准。绿色施工策划应对生态环境保护、资源节约与循环利用、碳排放降低等进行总体分析，策划适宜的绿色施工技术路径与措施。

（6）绿色施工策划编制应遵循“安全耐久、运行便捷、资源节约、环境和谐”的原则，按照 GB/T 50640《建筑与市政工程绿色施工评价标准》中的优良级别，明确项目绿色施工关键指标。

（7）绿色施工策划应包括绿色施工目标、影响因素分析和环境风险评估、组织架构及职责分工、相关管理制度、节材与材料资源利用、节能与能源利用、节水与水资源利用、节地措施及施工用地保护、人力资源节约与职业健康安全、环境保护与水土保持、新技术应用及施工技术创新。

3.3 技术要点

（1）建设单位应在工程可研阶段统筹考虑绿色建造相关要求，明确绿色建造目标，在确定可研设计单位后，向设计单位交底，明确绿色建造目标，按需开展设计施工、绿色建造、智能建造等系列关键技术攻关。

（2）可研编制时，设计单位应强化现场踏勘深度，根据工程实际情况和特点完成可研绿色设计专篇（见附录 B.1）、绿色设计应用清单（见附录 B.2）。设计单位邀请绿色建造评审专家库成员成立会审专家组，开展可研绿色设计专篇、绿色设计应用清单会审，形成绿色设计专篇专家会审意见（见附录 B.3），由业主项目部审核。待可研批复后，建设单位完成绿色总体策划定稿及编审批。

（3）绿色设计策划应明确绿色设计目标、实施路径、设计指标和技术措施、绿色建材及设备的选用依据、使用率等内容，并应至少包括前期调研、项目定位与目标分析、绿色设计方案、技术经济可行性分析、绿色设计指标、新技术应用等主要部分。

（4）绿色设计策划的前期调研应包括地理位置、场地生态环境、场地气候环境、地形地貌、场地周边环境、道路交通、规划条件和地方性材料等内容。

（5）绿色设计策划的经济技术可行性分析应包括技术可行性分析、环境效益分析、风险评估、经济效益评估。

（6）设计单位应树立全寿命周期理念，统筹考虑工程全寿命周期的耐久性、可持续性，鼓励采用高强、高性能、高耐久性和可循环材料以及先进适用技术体系等开展工程设计。绿色设计应统筹输变电工程土建、电气、线路、电缆等各专业设计，绿色建造应统筹策划、设计、施工、移交等全过程，实现工程全寿命周期系统化集成设计。

（7）宜应用 BIM 等数字化三维设计方式，支撑不同设计专业间以及设计与物资、施工、运行的数据交换和信息共享，实现设计协同、设计优化，并向业主方移交三维设计成果。变电工程宜实现综合碰撞检查、防雷保护范围计算、三维接地网布置、自动导出材料清单等。线路工程宜实现路径优化选线、电气专业自动计算、空间距离的精确校验等；应利用三维可视化选线技术，在三维真实场景中进行路径方案的优选。

（8）新建变电站全面实施模块化建设，深化标准化设计，推行工厂化批量生产、现场机械化装配，应用预制装配技术，采用可靠性高、维护量少的 GIS、HGIS 等集成设备，持续提高设备集成度、建构筑物装配率、预制件标准化程度。

（9）应统筹考虑经济性和适用性，优先采用建筑业十项新技术、国家重点节能低碳技术、电力建设“五新”技术，积极应用国家电网有限公司“基建新技术目录”（推广应用技术类应用尽用），在策划中明确应用目录清单。

（10）应综合考虑地形地貌、交通条件，比选优化输电线路塔位布置，创造良好的机械化施工条件。有效利用地域自然条件，优化变电站场地平面设计及竖向布置，提高资源利用率和施工便捷性。

（11）应强化设计方案技术论证，严格控制设计变更，设计变更不应降低工程绿色性能。如遇重大变更，应按照国家电网有限公司规定履行相关审批手续，组织专家对其是否影响工程绿色性能进行论证。

（12）根据“模数统一、模块协同”原则，推进功能模块和部品构件标准化，减少异型和非标准部品构件。

（13）应根据地形地貌合理确定场地标高，开展土方平衡论证，减少土方外运。选择适宜的结构体系，提倡建筑、结构、设备、装修全专业一体化协同设计，保证设计深度满足施工需要，减少施工过程设计变更。

3.4 典型案例

某 500kV 变电站新建工程充分调研当地建筑风格特点，在充分满足工业建筑功能要求基础上，寻求与所在城市历史文脉及现代都市感的交流与对话，打造现代简约、城市融合的优质建筑工程。为满足城市规划要求，500kV 出线方式经论证采用 GIL 出线；对变电站工程环境噪声污染影响进行预测分析，提出合理而可行的噪声治理措施，降低变电站对周围环境带来的噪声影响。

1. 建筑物采用与城区环境相融合的立面造型设计

该 500kV 变电站总平面布置及外立面造型充分融合“红瓦绿树，碧海蓝天”的城市基调，女儿墙采用红瓦斜挑檐，外墙采用淡黄色石材质地配色。按照屋顶起伏关系，整合为高、中、低三段平屋面，造型简洁大气。高低错落的体块造型采用相同元素主题，更具现代动感和韵律。屋面系统除了必要的检修设备区，大面积为普通非上人屋面，使建筑立面更加融于自然环境。考虑周边的规划用地为农林用地，站址场地设置部分绿色景观。图 3.4-1 为 500kV 配电装置楼城市融合方案实施效果图。

图 3.4-1 500kV 配电装置楼城市融合方案实施效果图

成效分析：变电站城市融合建筑方案研究有助于满足城市500kV变电站落地建设的需求，充分综合利用城区宝贵的土地资源，适应城市规划的要求，坚持“资源节约、环境友好”“与居民友善、与环境和谐、与周边控规相融合”的工业化建筑要求，与所在区域总体规划和周围环境相协调，建筑外立面与城市环境融合，与城市规划和街景相协调，有效解决城市变电站规划建设困难的问题。

2. 500kV出线方式采用GIL出线

考虑该500kV变电站周边城市规划建设影响，500kV出线不采用架空出线，经核算输送容量，决定采用GIL出线。GIL出线至站外GIL管廊终端，GIL管廊终端布置于变电站西北侧，由此将GIL转为架空出线。

变电站至GIL终端建设GIL管廊，本期GIL管廊出线2回500kV线路，GIL管廊断面尺寸采用4.5m×4.2m。GIL管廊终端设置两榀26m的构架，出线相间距离7m，相地距离6m，出线门型架构导、地线高度分别为24m和32m。管廊终端布置敞开式避雷器，电流互感器内置于GIL中。GIL管廊断面如图3.4-2所示。

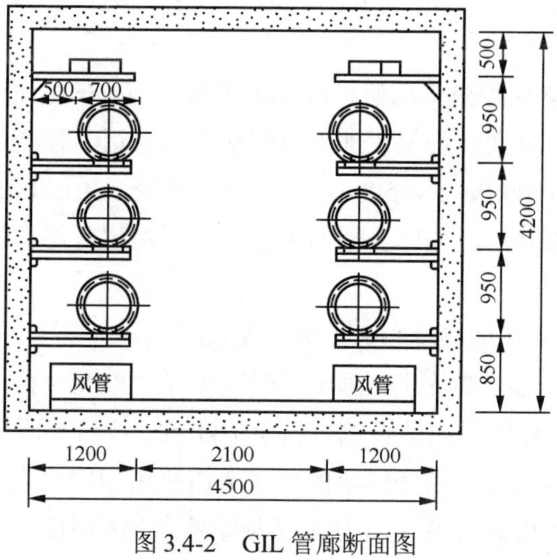

图3.4-2 GIL管廊断面图

GIL管廊内设置正常工作照明、应急照明及消防疏散照明。GIL管廊接地方案为管廊内、外各敷设一根通常的接地导体，并与站内地网相连，管廊内采用镀锌扁钢，管廊外采用镀锡铜扁钢。

3. 变电站环境噪声污染影响预测分析及治理

考虑变电站周围环境情况，应用国际噪声预测评估软件SoundPLAN对变电站工程环境噪声污染影响进行预测分析，提出合理且可行的噪声治理措施，并进行噪声预测计算和降噪经济性分析，使工程噪声环境符合环境评价标准要求，选出最优的降噪措施。对主要噪声源设备和降噪技术措施提前提出预测指标要求，针对实际情况提出降噪措施：

（1）主动降噪措施：主变压器噪声声功率级不高于92dB（A），散热器噪声声功率级不高于 79dB（A），66kV 电抗器噪声声功率级不高于 85dB（A）。

（2）被动降噪措施：设置声屏障板，声障板在 125～4000Hz 频段的 1/3 倍频程中心频率的隔声量均大于 25dB，计权隔声量 R_w 为 40dB（A），吸声带材料在 125～4000Hz 频段的 1/3 倍频程中心频率吸声系数均大于 0.7，降噪系数为 0.95。500kV 变电站噪声模拟区域如图 3.4-3 所示。

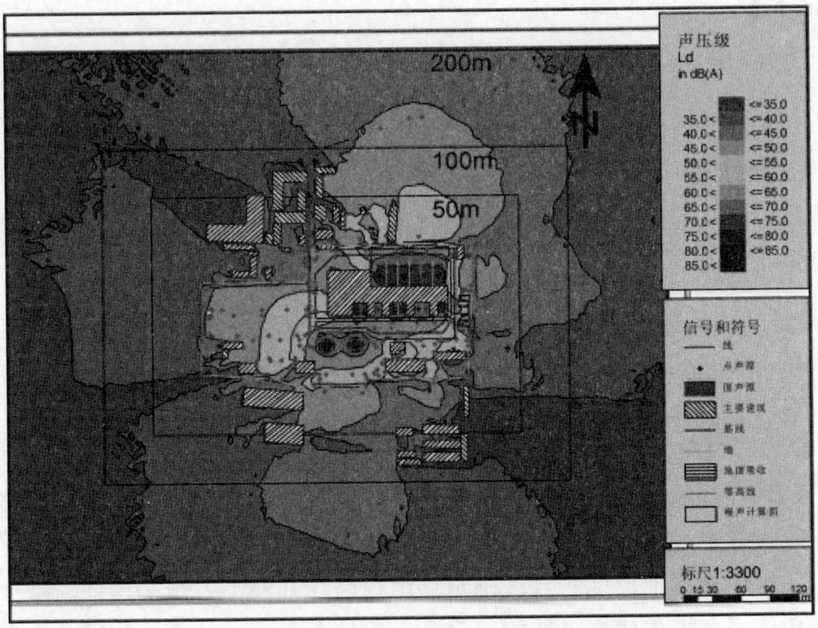

图 3.4-3　500kV 变电站噪声模拟区域图

成效分析：城市变电站降噪设计，降低了变电站对周围环境带来的噪声影响，提高了站内工作人员的声环境质量，更好地服务资源节约型、环境友好型社会建设，保护生态环境。采取措施后厂界噪声低于 GB 12348《工业企业厂界环境噪声排放标准》2 类标准［昼间 60dB（A）、夜间 50dB（A）］。

【思考题】

1. 绿色策划的定义是什么？
2. 绿色策划水平“五提升”具体指什么？
3. 绿色总体策划应包含哪几部分？

第 4 章

绿色设计

绿色设计是绿色策划和绿色施工的重要衔接过程，策划阶段确定的基本技术原则需要在设计阶段以具体材料、设备、方案的形式进行落地，施工阶段的绿色建造执行情况取决于设计阶段是否能够形成具备可操作性的方案，因此，明确各专业的绿色设计要点是十分重要的。

4.1 工 作 原 则

（1）设计单位应充分调研输变电工程所在地的建筑材料状况，因地制宜选择地方性建材。优先采用预制式构件、装配式结构、模块化设备等设计方案，积极推广被动式建筑、环保气体绝缘设备等先进技术，持续提高设备集成度、建构筑物装配率、预制件标准化程度。

（2）变电工程应根据地形地貌合理确定场地标高，开展土方平衡论证，减少土方外运。选择适宜的结构体系，提倡建筑、结构、设备、装修全专业一体化协同设计，保证设计深度满足施工需要，减少施工过程设计变更。

（3）线路工程应综合考虑地形地貌、交通条件，比选优化输电线路塔位布置，创造良好的机械化施工条件。有效利用地域自然条件，优化变电站场地平面设计及竖向布置，提高资源利用率和施工便捷性。

（4）建立完善绿色设计审查机制。设计单位在初步设计和施工图设计阶段，细化落实绿色设计策划中提出的目标和措施，对照绿色设计指标进行自查。建设单位应组织绿色设计审查，加大对初步设计绿色设计专篇、施工图设计绿色施工技术要求审查力度，实现绿色建造源头管控。

4.2 实 施 要 求

（1）初步设计阶段，设计单位应结合可研批复情况，进一步深化、完善可研阶段的绿色设计专篇、绿色设计应用清单，作为初设审查的必备条件。

（2）施工图设计阶段，鼓励在设计文件中制定降碳减排、生态固碳措施；鼓励对工程整体碳排放情况进行定性或定量计算。设计交底暨施工图会检时，设计单位应针对绿色施工技术要求进行交底。

（3）对于变电站位于城区或景区，线路位于城市走廊狭窄地区、穿越景区及生态敏感区的，结合电磁环境、噪声等绿色环保要求，以“三个融合”（文化融合、建筑融合、环境融合）为引领，开展融合型输变电工程方案设计。

（4）初步设计前应充分调研工程所在地的建筑材料状况，因地制宜，优先就地取材，并确定各类建材及设备的设计使用年限。严禁使用国家及所在地明令禁止的材料。

（5）严格控制绿色设计变更。应强化设计方案绿色建造可行性的技术论证，设计变更不得降低工程绿色性能。对在建工程，具备条件的应开展绿色建造的阶段性策划及实施，要做好经济技术对比，确实需要增加费用的，由建设单位提出符合绿色建造要求的书面依据，设计单位出具设计变更并列支相关费用。

4.3 技 术 要 点

4.3.1 变电土建工程

（1）变电站站址应在符合国土空间规划的规定、满足各类需避让区域要求的前提下，靠近负荷中心、进出线条件优越、交通便利、尽量不占用农田林地。

（2）站址选择应避开滑坡、泥石流、地震断裂带等地质危险地段及抗震设防烈度为9度及以上地区；场地周围应无危险化学品、易燃易爆品的加工或存储区域；无不良土壤的影响；尽量避开易发生洪涝的地区；尽量避让生态敏感区，确实无法避让的，应进行生态环境合理性与经济技术可行性分析论证，提出针对性生态影响防控技术措施。

（3）站址选择应与当地的城镇规划或工业区规划相协调，充分利用就近的交通、给排水及防洪等公用设施，预留发展用地应按最终规模一次征地。

（4）站区总平面布置宜尽量规整，站内工艺布置合理，功能分区明确。宜将本期建设的建构筑物集中布置，以利于远期扩建。应合理对站区建筑物进行规划，提高建筑面积利用系数，尽量采用联合建筑，节省建筑占地。

（5）积极采用通用基础，基础宜考虑一次性建成，避免土建二次进场。涉及深基坑的构筑物工程，应一次性建成。在变电站整体改造时，应充分利用原有建筑、基础及构架。

（6）变电站在进出线顺畅的前提下，宜结合自然地形合理进行竖向布置，当站区地形有明显单向坡度时，宜采用台阶式布置，并根据土石方工程量的计算比较确定台阶的位置。场地设计标高应兼顾洪（潮）水位标高、场地排水、土质边坡条件等。

（7）场地的土石方宜结合建构筑物基础出土、室内回填土、地下管线沟槽和道路工程的土方量、景观用土进行自平衡，也可与周边地块建设场地土方进行平衡，避免重复运输，力求减少外购土方和土方外运量。

（8）站外挖、填方边坡宜根据周围环境及边坡土质状况优先采用喷播等绿色环保措施，防止水土流失。可采用净地表层土回收利用等生态补偿措施充分保护耕地农田。

（9）变电站围墙型式应根据站址位置、城市规划和环境要求等因素综合确定，宜优先选用与周边环境相匹配的装配式围墙。根据节约用地和便于安全保卫原则力求规整，地形复杂或山区变电站的围墙可结合地形布置。

（10）变电站的主出入口宜面向已有道路，并结合地形综合设计，尽量减少桥、涵及人工构筑物工程量，应充分考虑施工临时道路与永久道路的结合利用。城市变电站的主入口方位及处理要求宜与城市规划和街景相协调。

（11）变电站总平面设计应有利于冬季日照、夏季自然通风和自然采光等条件，合理利用当地主导风向。

（12）建筑设计在满足建筑功能和技术需求的前提下，还应符合政府相关部门提出的规划要求和对环境、噪声、景观、节能等方面要求，考虑融合地域特色及地域建筑文化，满足城乡规划及城市设计对所在区域的目标定位及空间形态、景观风貌、环境品质等控制和引导要求。

（13）宜按照“被动式技术优先、主动式技术优化”原则，根据实际情况，优化建筑空间布局及设备布置，充分挖掘建筑本体与设备在节约资源方面的潜力。充分利用自然采光、自然通风，采用围护结构保温、隔热、遮阳等措施，降低建筑的供暖、空调和照明系统的负荷，提高室内的舒适性。

（14）建筑物外立面造型协调，装配式墙板、门窗等建筑模数协调统一。建筑平面的柱网、开间、进深、层高、门窗洞口等主要定位线尺寸，宜为基本模数的倍数。门窗的设置、尺寸、功能和质量应符合使用、节能、设备运输和安装检修的要求。推荐选用的部分绿色节能型门窗如表 4.3-1 所示。

表 4.3-1 绿色节能型门窗

名称	功能特性
断桥铝门窗	断桥铝门窗，采用隔热断桥铝型材和中空玻璃，具有节能、隔音、防噪、防尘、防水等功能。断桥铝门窗的热传导系数 K 为 3W/（m^2·K）以下，比普通门窗热量散失减少一半，降低取暖费用 30%左右，隔声量达 29dB 以上，水密性、气密性良好，均达国家 A1 类窗标准
调光玻璃	调光玻璃中间的调光膜及胶片可以隔热、阻隔 99%以上的紫外线及 98%以上的红外线。屏蔽部分红外线减少热辐射及传递。而屏蔽紫外线，可保护室内的陈设不因紫外辐照而出现褪色、老化等情况，保护人员不受紫外线直射而引起的疾病。适用于办公区域、会议室、监控室隔断
玻璃钢门窗	以玻璃纤维及其制品为增强材料，以不饱和聚酯树脂为基体材料，通过拉挤工艺生产出空腹异型材，然后通过切割等工艺制成门窗框，再配上毛条、橡胶条、五金件制成成品门窗。综合了其他类门窗防腐、保温、节能的性能，更具有自身的独特性能，如在阳光直接照射下无膨胀，在寒冷的气候下无收缩，轻质高强无需金属加固，耐老化使用寿命长等，综合性能优于其他类门窗
镀锌彩板门窗	强度、隔音、保温、密闭性能是铝合金门窗的 3 倍。彩板门窗是节能型门窗，是传统钢门窗的换代产品，是符合绿色建材要求的新型门窗产品。由于采用镀锌基板和耐蚀树脂涂层，彻底克服了普通钢窗的腐蚀问题，耐久性达到 25 年；由于采用冷弯成型咬口封闭工艺，实现了组合装配深加工艺，摆脱了普通钢窗的传统的焊接工艺，实现了工艺技术的突破；门窗结构采用全周边密封构造，彻底克服了普通钢窗的密封问题，气密性、水密性和抗风强度等基本物理性能达到了建筑门窗的先进水平；窗型可以根据使用功能变化，颜色可以根据设计选择，装饰效果好，特别适用于建筑外用门窗

（15）建筑物外墙、屋面、内隔墙等结构应积极选用新型环保建筑材料制成的轻质装配式结构，确保力学性能、耐久性等符合相应产品标准规定，同时兼顾节能环保、防火防潮、保温隔热等性能。推荐选用的部分保温材料如表 4.3-2 所示。

表 4.3-2　　保温材料

名称	功能特性
玻璃棉及其制品	适用于温度较低的热力设备和建筑物的保温隔热材料，还是优质的吸声材料
矿棉及其制品（矿渣棉及岩石棉）	具有质轻、不燃、隔热和电绝缘等性能，原料来源广、成本低。可用作保温隔热层、空气隔声层，以及各种实际应用中的防火层
植物纤维复合板	以植物纤维为主要材料加入胶结材料和填料而制成，适用于天花板、隔墙板或护墙板的保温隔热
膨胀蛭石及其制品	适用于填充墙壁、楼板及平屋顶，保温效果佳。可与水泥、水玻璃等胶凝材料配合，制成砖、板、管壳等用于围护结构及管道保温
膨胀珍珠岩（EPB）及其制品	集保温、隔热和防水功能于一体的新型墙面保温板材。施工方便、工期短、施工中无需沙、水泥等材料，材料堆放简洁、高效、体积小，占用场地设备等资源少，无建筑垃圾，施工完成后无需抹灰。节约人工成本
硅酸钙保温隔热板	吸水性强，有助于调节室内空气的湿度，适合用于外墙上的内保温和及管道保温
泡沫玻璃	不吸湿、不吸水，不会因常年使用而降低效果，具有良好的吸声性能，有较高的机械强度、易加工、切割、拼贴，不风化、不老化。用于墙体可有效减少墙体厚度，减轻墙身自重，扩大使用面积。与其他无机材料易于结合，容易施工
膨胀聚苯乙烯泡沫（EPS）	密度系数小，抗冲击能力良好，有足够的能力通过改变和回复形状对外界冲击力进行缓冲；具有独立的气泡结构，小面积的损伤不会影响到整面墙体；其表面吸水率低，防渗透性能好，能够有效避免墙面受潮后发霉、脱落等墙面问题；易燃，燃烧后产生有毒气体
挤压聚苯乙烯泡沫（XPS）挤塑板	几乎不吸收水分，具有很高的抗压强度和扩散阻力，不能抵抗紫外线辐射，应用于周边基地保温层、承重基板下面的保温层、承受强压力荷载的表面（如承装 GIS 设备的楼板）的保温隔热层
石墨聚苯板（SEPS）	俗称“黑泡沫”或“黑板”，施工简便，系统整体性好，同等效果成本更低
聚氨酯泡沫（PU）	目前固体保温材料中性能最好的材料之一，不吸水也不透水；不具备抵抗紫外线辐射的能力，但是不会被腐蚀。可生产出海绵板、层压泡沫板、夹层板
酚醛树脂保温板	性能优异的防火、隔热、隔音、轻质节能产品，其难燃程度是市面其他常见材料远远不及的，具有难燃、低烟、抗高温歧变、刚性大、尺寸稳定性好的优势
橡塑保温材料	经复杂工艺泡发而成的软质高档保温节能材料，适用于各类冷热介质管道，具有良好的隔热效果，可节省能源消耗，产品富有柔软性，施工安全极为方便，省工省料
泡沫混凝土	作为一种新型的节能环保型建筑材料，广泛套用于墙体材料中，具有密度小、质量轻、保温、隔音、抗震等性能；但其在套用中存在强度偏低、开裂、吸水等缺陷，其性能有待进一步改进
胶粉聚苯颗粒保温砂浆	具有极好的耐候性能，结合抗裂砂浆和耐碱玻纤网布可有效解决保温面层空鼓裂等问题，具有很好的防水功能。适用于各种墙体内外保温隔热、屋面保温、楼梯间保温
玻化微珠复合保温材料	质轻、隔热防火、耐高低温、抗老化、吸水率低，可代替诸多传统轻质骨料在不同制品中的应用，是一种环保型高性能无机轻质隔热材料

（16）外墙饰面材料、室内装饰装修材料、防水和密封材料等宜选用耐久性好、易维护、无毒的材料。合理选用可再循环材料、可再利用材料。在保证功能性的前提下，宜选用以废弃物为原料生产的利废建材。推荐选用的部分装饰、防水用材料如表 4.3-3 所示。

表 4.3-3　　装饰、防水用材料

分类	名称	特性
新型涂料	环保型乳胶漆	环保型乳胶漆无污染，具有抗菌、除臭、净化空气、呼吸调湿等优点，对环境改善、人体健康有益，涂料各种的指量都通过国家各种严格要求生产出来的。乳胶漆具备与传统墙面涂料不同的众多优点，如易于涂刷、干燥迅速、漆膜耐水、耐擦洗性好等。而且乳胶漆对于环境的保护有着极大的作用，它是以水为溶剂的墙面材料，在生产和施工过程中不会对人体产生有害物质。使用后，将水分蒸发并干燥以形成薄膜。它可以干燥 4h，每天可以使用 2～3 次。但是，并不是所有的乳胶漆都是绿色建材，应选择已获得绿色建材认证的产品
	云彩涂料	以高分子聚合物乳液和云母珠光钛颜料、硅泥藻再加上各种助剂精制而成的装饰涂料，无缝连接、拒绝褪色、从不起皮、绝不开裂、高度自洁、易于清理。施工时无需使用 107 胶、聚乙烯醇等，所以不含铅、汞等重金属及醛类物质，从而做到无毒、无污染。由于是水性涂料，抗污性很强，同时具有良好的防潮、抗菌性能，不易生虫，不易老化
	硅酸钠无机内墙涂料	不含有任何化学原料和溶剂，在生产和使用过程中都不会对环境造成危害。硅酸钠涂料具有防水性和高度呼吸力，使建筑物内部的水分能自由地向外蒸发，保持墙身干爽，并可以防止涂层起泡。具有无机物的特性，即使暴露在氧炔喷火器的火焰中，也不会着火燃烧，无散播火灾的危险，也不会散发有毒气体
	环氧树脂地面涂料	具有良好的耐腐蚀、耐磨、耐油、耐水、耐热等多功能的地面涂料。广泛应用于有防酸碱、耐有机溶剂、各种防腐要求等工程项目的地面，对起砂、起灰和其他受损坏地面的修复都有明显的效果。环氧树脂地坪对湿面有一定的润湿力，尤其在使用聚酰胺树脂作固化剂时，可制成水下施工涂料，能排挤物体表面的水而涂布，可用于水下结构的抢修和水下结构的防腐蚀施工
玻璃装饰材料	吸热玻璃	一种能够吸收太阳能的平板玻璃，它利用玻璃中的金属离子对太阳能进行有选择性的吸收，同时呈现出不同的颜色。有些夹层玻璃胶片中也掺有特殊的金属离子，用这种胶片可以生产出吸热的夹层玻璃。吸热玻璃一般可减少进入室内的太阳热能的 20%～30%，降低了空调负荷。吸热玻璃的特点是遮蔽系数比较低，太阳能总透射比、太阳光直接透射比和太阳光直接反射比都较低，见光透射比、玻璃的颜色可以根据玻璃中的金属离子的成分和浓度变化。可见光反射比、传热系数、辐射率则与普通玻璃差别不大
	热反射玻璃	热反射玻璃是对太阳能有反射作用的镀膜玻璃，其反射率可达 20%～40%，甚至更高。它的表面镀有金属、非金属及其氧化物等各种薄膜，这些膜层可以对太阳能产生一定的反射效果，从而达到阻挡太阳能进入室内的目的。在低纬度的炎热地区，夏季可节省室内空调的能源消耗，同时具有较好的遗光性能，使室内光线柔和舒适。另外，这种反射层的镜面效果和色调对建筑物的外观装饰效果都较好。热反射玻璃的遮蔽系数、太阳能总透射比、太阳光直接透射比和可见光透射比都较低。太阳光直接反射比、可见光反射比较高，而传热系数、辐射率与普通玻璃差别不大
	低辐射玻璃	低辐射玻璃又称为 Low-E 玻璃，是一种对波长在 4.5～25μm 范围的远红外线有较高反射比的镀膜玻璃，它具有较低的辐射率。在冬季，它可以反射室内暖气辐射的红外热能，辐射率一般小于 0.25，将热能保护在室内。在夏季马路、水泥地面和建筑物的墙面在太阳的暴晒下，吸收了大量的热量并以远红外线的形式向四周辐射。低辐射玻璃的遮蔽系数、太阳能总透射比太阳光直接透射比、太阳光直接反射比、可见光透射比和可见光反射比等都与普通玻璃差别不大，其辐射率传热系数比较低

续表

分类	名称	特性
玻璃装饰材料	中空玻璃	中空玻璃将两片或多片玻璃以有效支撑均匀隔开并对周边粘接密封，使玻璃层之间形成有干燥气体的空腔，其内部形成了一定厚度的被限制了流动的气体层。由于这些气体的导热系数大大小于玻璃材料的导热系数，因此具有较好的隔热能力。中空玻璃的特点是传热系数较低，与普通玻璃相比，其传热系数至少可降低 40%，是最实用的隔热玻璃。可将多种节能玻璃组合在一起，产生良好的节能效果
	真空玻璃	真空玻璃的结构类似于中空玻璃，不同的是真空玻璃空腔内的气体非常稀薄，近乎真空。其隔热原理就是利用真空构造隔绝了热传导，传热系数很低。根据有关资料数据，同种材料真空玻璃的传热系数至少比中空玻璃低 15%
防水卷材	SBS 改性沥青油毡	弹性体（SBS）改性沥青防水卷材执行 GB 18242《弹性体改性沥青防水卷材》，是用苯乙烯—丁二烯—苯乙烯（SBS）橡胶改性沥青做涂层，用玻纤毡、聚酯毡、玻纤增强聚酯毡为胎基，两面覆以隔离材料所做成的一种性能优异的防水材料，具有耐热、耐寒、耐腐蚀、抗老化、热塑性好、抗拉力大、延伸率高、抗撕裂性强等优点
	APP 改性沥青油毡	塑性体改性沥青防水卷材是指以聚酯胎、玻纤毡、玻纤增强聚酯毡为胎基，以无规聚丙烯（APP）或聚烯烃类聚合物（APAO、APO 等）作石油沥青改性剂，两面覆以隔离材料所制成的防水卷材，具有良好的耐高温性能、低温柔性、耐水性、耐磨蚀能力、适应基层变形能力等优点
	自粘聚合物改性沥青防水卷材	自粘聚合物改性沥青防水卷材是一种很有发展前景的新型防水材料，是采用聚乙烯膜覆面的无胎防水卷材，其拉力与断裂延伸率均较高，具有不透水性、低温柔度、抗变形性能及自愈性好等特点，而且易于施工，可以提高铺设速度，加快工程进度
	预铺/湿铺防水卷材	其主要原材料是活性物，同时加入适量的辅助材料和防老化剂、促进剂及其他的一些助剂，经混炼压延而成，是一款能在潮湿基面上施工的防水产品，该材料内含有特殊的活性物质能与水泥砂浆或素水泥浆实现反应，达到与基面或结构主体实现满粘的效果
	热塑性聚烯烃（TPO）防水卷材	热塑性聚烯烃（TPO）防水卷材是以采用先进的聚合技术将乙丙橡胶与聚丙烯结合在一起的热塑性聚烯烃（TPO）合成树脂为基料，加入抗氧剂、防老剂、软化剂制成的新型防水卷材，可以用聚酯纤维网格布做内部增强材料制成增强型防水卷材，属合成高分子防水卷材类防水产品
其他防水材料	水泥基渗透结晶性防水材料	水泥基渗透结晶型防水涂料是以特种水泥、石英砂等为基料，渗入多种活性化学物质制成的粉状刚性防水材料。与水作用后，材料中含有的活性化学物质通过载体水向混凝土内部渗透，在混凝土中形成不溶于水的结晶体，堵塞毛细孔道，从而使混凝土致密、防水。具有自愈合性能、长期耐受高水压、无毒环保等优点
	聚合物水泥防水砂浆	聚合物水泥防水砂浆是由进口无机粉料组成，是一种既具有高分子材料的粘接性，又具有无机材料耐久性的新型混凝土修补材料，具有良好的保水性能、抗裂性、耐紫外线等优点
	单、双组分聚氨酯涂料	不含沥青、有机溶剂、莫卡（MOCA）交联剂及重金属催化剂，用水交联固化，是性能优良的绿色环保防水材料

（17）建筑物装饰装修宜选用工业化内装饰，优先采用装配式装修。装配式钢结构建筑内部不应为强调观感而采用装饰性材料对钢柱、钢梁等结构件进行包裹；鼓励在涉水房间内采用干式施工的装配式防水型板材墙面。

（18）选用的装饰装修材料满足 GB 50222《建筑内部装修设计防火规范》及 GB 50325《民用建筑工程室内环境污染控制标准》的相关要求，符合国家现行绿色产品评价标准，宜优先选用获得绿色建材评价认证标识的建筑材料和产品。建筑设计应综合考虑建筑全寿命周期内的技术与经济特性，宜选用“四新”技术和产品。

（19）当变电站处于噪声控制严格地区时，变电站设计宜通过选择户内变电站布置方式，或采取设备隔振垫、吸音板、隔音屏障、实体围墙等措施，满足噪声控制要求。有安静要求、人员长期居住、工作的房间或场所应远离有噪声、振动、电磁辐射、空气污染的房间或场所，当相邻设置时，应采取有效的防护措施。

（20）建筑管道、管线应与建筑结构分离布置，便于安装、检修、维护。管材、管线、管件应选用耐腐蚀、抗老化、耐久性能好的材料，活动配件应选用长寿命产品，并应考虑部品之间合理的寿命匹配性；不同使用寿命的部品组合时，构造应便于分别拆换、更新和升级。部分推荐选用的管材、管件汇总如表 4.3-4 所示。

（21）变电站建筑物外墙不宜选择玻璃幕墙，避免产生光污染。建筑灯光设置、外墙饰面材料等所造成的光污染应符合国家现行有关标准的规定。

（22）继电器室、通信机房、计算机房及蓄电池室等设有空调且无人长期工作的房间应少开窗或不开窗。夏秋季多蚊蝇及飞蛾的地区，经常有人活动或有防小动物及防鸟害要求的房间，可设置纱门和纱窗。主控制室宜具备良好的朝向和视线，便于对屋外配电装置的观察。控制室宜采用自然采光。门卫保安室的设计应和站区入口大门相协调。

表 4.3-4　　管材、管件

名称	特性
聚氯乙烯（PVC）类管材管件	强度高、耐腐蚀性好、使用寿命长、阻燃性较好，目前已广泛应用于建筑的下水管和穿线管。但由于 PVC 管存在着耐温等级低（长期使用温度不能超过 65℃）、卫生性差等缺点，因而不适用于建筑用给水管、空调和供热系统及各种热水器配管
无规共聚聚丙烯管（PP-R）	PP-R 在原料生产、制品加工、使用及废弃全过程均不会对人体及环境造成不利影响，与交联聚乙烯管材同辈成为绿色建材。除具有一般塑料管材质量轻、强度好、耐腐蚀、使用寿命长等优点外，还无毒卫生、耐热保温；连接安装简单、弹性好、防冻裂。抗紫外线性能差，在阳光的长期直接照射下容易老化
高密度聚乙烯管（HDPE）	高密度聚乙烯管（HDPE）双壁波纹管是一种用料省、刚性高、弯曲性优良，具有波纹状外壁、光滑内壁的管材。双壁管较同规格同强度的普通管可省料 40%，具有高抗冲、高抗压的特性
塑料波纹管	刚柔兼备，具有足够的力学性能，同时兼具优异的柔韧性；质量轻、省材料、降能耗、价格便宜；内壁光滑的波纹管能减少液体在管内流动阻力，进一步提高输送能力；耐化学腐蚀性强，可承受土壤中酸碱的影响；波纹形状能加强管道对土壤的负荷抵抗力，又不增加它的曲挠性，以便于连续敷设在凹凸不平的地面上；接口方便且密封性能好，搬运容易，安装方便，减轻劳动强度，缩短工期；使用温度范围宽、阻燃、自熄、使用安全；电气绝缘性能好，是电线套管的理想材料
热镀锌钢管	经久耐用，为建筑给水管的主要管材
铸铁管	分为球墨铸铁管和铸铁管两种，多用于给排水管道
钢塑复合管道	钢管进行内外涂塑而成的管道，多用于消防管道、给水管道

（23）厕所、卫生间、盥洗室和浴室应根据功能合理布局，布置选择应方便使用，相对隐蔽，并应避免所产生的气味、潮气、噪声等影响或干扰其他房间。

（24）结合城市绿化可持续发展，变电站建筑设计可采用立体绿化设计，利用植物对建筑物或构筑物的屋面、墙面及立面进行绿化和美化。

（25）建筑出入口及平台、走廊、卫生间、坡道、楼梯踏步等采取防滑措施，建筑出入口及平台、走廊、卫生间防滑等级不低于 JGJ/T 331《建筑地面工程防滑技术规程》的要求。

（26）变电站应综合考虑安全耐久、节能减排、易于建造等因素，根据建筑物的重要性、安全等级、抗震设防烈度等要求，优先采用工厂加工、现场组装的装配式结构体系。在工程设计中积极采用新技术、新材料。在保证结构性能安全的同时，宜选用资源消耗少、集约化生产、碳排放量低的建筑结构材料。部分推荐选用的预制建材、构件汇总如表 4.3-5 所示。

（27）地基处理方案应经济合理。宜选用工厂化预制的桩型；当采用灌注桩时，宜考虑采用长螺旋钻孔压灌桩技术等；尽量避免采用人工挖孔桩，提高机械化施工率，结合实际情况选用低噪、环保、节能、高效的机械设备和工艺。

（28）按照有效防治水土流失的要求，合理优化地下构筑物、挡墙、护坡设计；深基坑宜采用沉井、支护桩等，减少基坑开挖方量。 基坑支护体系在保证施工开挖安全的前提下，宜采用材料可循环利用的方案。

表 4.3-5　　　　预制建材、构件

分类	名称	特性
预制构件	装配式预制钢筋混凝土墙板	预制构件具有节能、节水、节材的优点，可以在最大程度上减少建筑垃圾的产生，符合绿色建材的要求。这类建筑的内外墙板、阳台、楼梯等建筑部件是由工厂制作完成，再运送到施工现场安装，其建造速度快、工期短、建筑质量好
	装配式预制钢筋混凝土夹心保温外墙板	
	预制混凝土楼板	
	预制混凝土楼梯板	
	预制混凝土空调板	
钢结构房屋用轻型钢构件	—	钢结构建筑是目前在建筑行业上比较成熟的一个建筑体系，逐渐成为建筑业的主流，也是目前建筑业的发展方向。其材料符合可重复利用、可持续发展的理念，可有效减少建筑垃圾，以及建筑施工对环境的污染。钢结构建筑在输变电工程建筑物的应用尤其广泛
砌体材料	蒸压粉煤灰砖	蒸压粉煤灰砖经过加压成型和蒸压养护，其特点是外观质量好、尺寸偏差小、结构密实、强度高、质量比烧结普通砖轻、保温隔热性能好，还大量利用了工业废渣，生产能耗低，试验和应用表明该产品是一种具有优良性能的节能利废型绿色建筑材料
	黏土空心砖	就地取材，价格便宜，经久耐用，还有防火、隔热、隔声、吸潮等优点。废碎砖块还可用作混凝土的集料。为改进普通黏土砖块小、自重大、耗土多的缺点，逐步向轻质、高强度、空心、大块的方向发展。灰砂砖以适当比例的石灰和石英砂、砂或细砂岩，经磨细、加水拌和、半干法压制成型并经蒸压养护而成
	页岩砖	具有强度高、保温、隔热、隔音等特点，在以页岩砖作为主要建材的砖混建筑施工中，页岩砖最大的优势就是与传统的黏土砖施工方法完全一样，无须附加任何特殊施工设施、专用工具，是传统黏土实心砖的最佳替代品

续表

分类	名称	特性
砌体材料	陶粒混凝土砌块	隔音、隔热性能优良，装饰方便，可直接在墙体打钉或膨胀螺丝，不下木砧等，且牢固度高，是节能建筑理想的自保温节能墙材，能为建设单位创造明显的经济效益和社会效益
	加气混凝土砌块	一种轻质多孔、保温隔热、防火性能良好，可钉、可锯、可刨和具有一定抗震能力的新型建筑材料。实践证明：20cm 厚的加气混凝土墙体的保温效果相当于 49cm 厚的黏土砖墙体的保温效果，隔热性能也大大优于 24cm 砖墙体。这样就大大减薄了墙体的厚度，相应地扩大了建筑物的有效使用面积，节约了建筑材料厚度，提高了施工效率，降低了工程造价，减轻了建筑物自重
	玻璃纤维增强水泥板	具有轻质、抗拉、抗弯强度高、耐久性、抗冲击、可加工性好等特性。可制成各种形状复杂的制品，适用于屋面网架板、外墙板、轻质隔墙板、阳台拦板、外墙内保温板等
	硅镁轻质空心条	一种作建筑隔墙板用的硅镁加气空心轻质材料，成型为泡沫和空心结构的轻质高强建筑隔墙板，是我国容重最轻、比强度最高的轻质隔墙板，使用本产品为设计和施工带来极大的便利，能有效地降低大型高层建筑的自重和截面
	彩钢板岩棉夹芯复合板	具有隔热、吸音、抗腐蚀及密封性能好、质量轻、造价低、施工速度快等优点，同时还具有防水、保温一次完成、经久耐用、外形美观等特点。其坚固耐用、外观漂亮，并且施工方便、造价低廉，适用于厂房、大型仓库、大跨度屋面、墙面、简易房等
	铝蜂窝板	工厂化加工，采用热压成型技术，内外铝皮的热胀冷缩同步；蜂窝铝皮上有小孔，使板内气体可以自由流动；可滑动安装扣系统在热胀冷缩时不会引起结构变形，具有抗高风压、减震、隔音、保温、阻燃和比强度高等优良性能，能长时间保持建筑物外墙颜色鲜艳，适用于建筑外墙

（29）建构筑物部品部件应采用标准化设计，固化构件选型、构件模块；推广使用集成化、模块化、预制式建筑部品，减少现场湿作业，提高工程品质，降低运行维护成本。

（30）钢筋混凝土结构原则上应采用预拌混凝土，钢筋连接宜采用机械连接。

（31）钢结构宜采用全螺栓连接，减少现场焊接。节点设计应构造简单、传力可靠、便于施工。钢结构楼板宜采用免支撑的楼板承重体系。钢管柱构（支）架可采用冷喷锌防腐。

（32）为提高建筑结构材料的耐久性，混凝土构件可提高钢筋保护层厚度或采用高耐久混凝土；钢构件宜优先采用 Q355 及以上高强钢材，采用耐候结构钢及耐候型防腐涂料。

（33）结构方案应满足抗震设计的要求，不宜采用不规则结构。

（34）变电站地下管线布置应按变电站的最终规模统筹规划，管线（沟道）与建（构）筑物基础、道路之间在平面与竖向上应相互协调，近远期结合，合理布置，便于扩建。

（35）竖向设计应有利于雨水的收集和排放，应结合各地气候条件，采用“渗、滞、蓄、净、用、排”等措施对施工期间及建筑竣工后的场地雨水进行有效统筹控制，合理规划场地地表和屋面雨水径流，实现雨污分流，永临结合。同时设置绿色雨水基础设施，可通过收集、沉淀、过滤、消毒等处理，将雨水直接利用于除饮用水外的生活用水中。

（36）变电站事故油池应具有油水分离措施。

（37）变电站生活用水水源应根据供水条件综合比较确定，宜优先选用已建供水管网供水方式，并使用用水效率等级较高的卫生器具。当水源不能满足施工期间用水需要时，可采取临时供水措施。当水源水质不能满足变电站用水水质要求时，应采取处理措施。

（38）给水排水系统的设置不应对室内外环境产生噪声污染、水环境污染和大气污染。

（39）变电站宜优化建筑空间和平面布局，改善自然通风效果，建筑排烟系统宜优先采用自然排烟系统。

（40）变压器室宜采用自然通风，当自然通风不能满足排热要求时，增设机械排风。当变压器为油浸式时，各变压器室的通风系统不应合并。

（41）配电装置室通风系统可设置温度自动控制装置，设定风机的启停温度，以利于节能和减少噪声。

（42）工作场所设置有危险气体监测及报警装置时，事故通风装置应与报警装置联锁。

（43）暖通设计时要做好经济性比较，保证空调及采暖设备的可调节性及可操作性。空调设备宜选用环保冷媒，通风设备宜选用高效、低噪声风机，并合理选择通风设备的保温材料。

4.3.2 变电电气一次工程

（1）主变压器及电抗器的散热器等主要散热设备宜结合当地实际情况布置在户外，如布置在户内时应采取隔热散热措施。

（2）变电站主接线应满足通用设计要求，主要电气设备应选用全寿命周期内维护量小、耗能低、占地少、环境友好的电气设备。

（3）变电站内导线选择合理，满足DL 5222《导体和电器选择设计规程》的要求。导线截面积应按长期允许载流量校核，并按所在地区的海拔及环境温度进行校正。除配电装置的汇流母线外，较长导体的截面积宜按经济电流密度选择，以降低导体在全寿命周期内的损耗。

（4）配电装置的布置应根据出线走廊规划的要求，综合考虑进出线间隔的排列、进出线方向和主变压器各侧的引线，应尽量避免各级电压架空出线和引线的交叉，便于安装和改扩建施工。在满足安全可靠、技术先进、经济合理、运行维护方便的前提下，配电装置的设计应坚持节约用地的原则，布置应紧凑、合理。

（5）变压器应采用低损耗变压器。变压器空载损耗水平不高于公司通用设备要求值；变压器能效指标不低于GB 20052《电力变压器能效限定值及能效等级》中3级能效的要求。变压器负载率经济合理，控制在70%～85%。

（6）站用变压器应选用低损耗、节能型产品。户内布置的站用变压器宜采用干式变压器，以节省占地面积。

（7）主变压器冷却方式宜采用自然油循环风冷或自冷；高压并联电抗器冷却方式宜采用自冷。

（8）变电站厂界噪声水平应满足GB 12348《工业企业厂界环境噪声排放标准》的要求。变电站设计应充分考虑变电站噪声对环境的影响。变压器安装地点宜采取有效的减振、隔声、吸声措施。户内布置的并联电抗器基础可独立设置，不与建筑物结构相连，以减少震动和噪声的影响。

（9）变电设备选型宜满足以下要求：220kV 及以下主变压器噪声水平低于 65dB；35kV 干式并联电抗器噪声水平不高于 55dB，66kV 和 35kV 油浸式铁芯并联电抗器噪声水平不高于 75dB，10kV 并联电抗器噪声水平不高于 50dB。

（10）电缆敷设的路径应合理安排，在满足转弯半径要求的前提下，力求路径短、转弯少、交叉少、便于扩建，鼓励采用可调节自承式电缆支架，站内电力电缆宜选用低烟无卤阻燃电缆，应采用无毒且不对电缆产生腐蚀和损害的防火封堵材料。

（11）接地装置应充分利用自然接地极接地，对于高土壤电阻率地区的降阻方案，若在变电站 2000m 以内有低电阻率的土壤时，应优先考虑敷设引外接地极；若地下较深处有低电阻率的土壤时，应优先考虑敷设引外接地极或井式、深钻式接地极，以减少降阻剂的使用。不应使用含有重金属或其他有毒成分的化学降阻剂。

（12）主要功能房间的照明功率密度值应尽量减小，不应高于 DL/T 5390《发电厂和变电站照明设计技术规定》和 GB 50034《建筑照明设计标准》的规定值。

（13）公共区域的照明系统宜采用分区、定时、感应等节能控制方法。户外照明宜采用自动节能控制，道路照明宜分组布置；户内建筑的通道照明宜配置感应控制。

（14）照明方式宜采用直接照明。在满足灯具最低允许安装高度及美观要求的前提下，宜尽可能降低安装高度，以节约电能。

（15）灯具选型应选用配光合理、防止眩光的节能环保灯具，宜优先考虑 LED 灯具，以降低后期运维费用，选用 LED 照明产品的光输出波形的波动深度应满足 GB/T 31831《LED 室内照明应用技术要求》和 GB/T 20145《灯和灯系统的光生物安全性》的规定。有条件的地区可局部采用太阳能灯具。

（16）人员长期停留的场所应采用符合 GB/T 20145《灯和灯系统的光生物安全性》规定的无危险类照明产品。

建议选用的绿色化一次设备汇总如表 4.3-6 所示。

表 4.3-6　　建议选用的绿色化一次设备

设备名称	技术特点	适用条件
节能型低噪声变压器	1．铁芯采用冷轧工艺的硅钢片，且选用磁感应强度高的铁芯材料，降低铁损，实现变压器空载损耗的降低。 2．绕组采用导电率高的优质铜导线，降低电阻率，降低绕组的有载损耗。 3．选用磁致伸缩小的优质硅钢片，增大铁轭面积以减少铁轭中的磁通密度，在铁芯垫脚与箱底之间放置减振橡胶，增加油箱壁强度以减小箱壁振幅，在油箱底部与基础间设置减振器等技术来控制变压器本体噪声。 4．选用自冷片式散热器替代风冷散热器或强油循环风冷却器，用多台流量适中的新型低噪声风扇替代大流量高噪声风扇，采用减振装置等技术对冷却系统的噪声加以控制，使其噪声接近或低于本体噪声水平	适用于 35～500kV 变电站。在主变压器短路阻抗、空载损耗、负载损耗宜优先选用满足 GB 20052《电力变压器能效限定值及能效等级》标准的节能型变压器。 500kV 主变压器宜采用自冷+风冷的冷却方式。 240MVA 及以下容量的 220kV 主变压器及 35～110kV 主变压器，宜采用自冷方式。 国家电网有限公司 2022 版通用设备关于二级能效变压器通用设备目录，且应满足噪声水平规定

续表

设备名称	技术特点	适用条件
环保气体绝缘开关柜	1．采用干燥空气或 N_2 替代常规的 SF_6 气体，并通过优化电场分布，均匀电场，消除电极边缘效应，满足绝缘性能。 2．使用机械强度高、耐热性能优的可回收环保热塑材料，灭弧室结构一次性注塑成型，绝缘性能好，场强均匀，易装配，可靠性高。 3．环保气体开关柜保留了 SF_6 气体绝缘开关柜尺寸上的优势，比起传统的空气开关柜尺寸更小，占地更少，布置更为灵活。 4．环保气体开关柜环境适应性高，因其全绝缘密封结构，可适应凝露、污秽等恶劣环境地区使用	环保气体绝缘开关柜通用于 12kV 及 40.5kV 电压等级开关柜、环网柜，更适应凝露、污秽等恶劣环境地区，也适应高海拔地区使用。 12/40.5kV 的环保气体开关柜属于国网通用设备
一体化集合电容器	1．由集合式高压并联电容器、串联电抗器、放电线圈、氧化锌避雷器、隔离接地开关及电缆进线箱等设备组合而成。各个元件组合成一体化、全密封结构设备，根据不同的电压等级和容量做适当的电气连接，并通过箱盖上的套管引出，采用专用绝缘油起到绝缘和传热冷却的作用。 2．集合式电容器不加内熔丝，明显改善产品的热性能，降低损耗。同时由于取消了单台电容器元件，减少了热传递的中间环节，明显改善了热传递梯度分布，有利于降低产品的温升。 3．集合式电容器的电容大元件直接组装装箱，省去了传统单台电容器单元组装时台与台之间的间距，可使产品在同等场强时体积缩小 50%以上，设备小型化，节省占地	适用于 66kV 和 35kV 的户外无功电容器组。 对于 10kV 的无功电容器组，技术经济比较后也可考虑是否选用一体化集合式电容器。 10/35/66kV 的集合式电容器非国网通用设备。但有物料号，属于非标准化物料，可通过物资招标采购
低烟无卤阻燃电缆	1．低烟无卤电缆在制造时选用专门的低烟无卤特殊材料，绝缘与护套中不含铅、镉等对人体有害的重金属。 2．具有抗张强度大、耐候性好、柔软度好、无腐蚀性、高透光率等特点	通用
220kV 双断口隔离开关 GIS 设备	1.双断口母线隔离开关包括动触头座、一对动触头和一对静触头。两个断口分别能满足单断口的绝缘要求，即任何一个断口均能满足运行电压或试验电压的耐压要求；其两个断口组合，能满足断口间承受最极端的电压情况，即运行电压和试验电压之和。 2．扩建安装及耐压试验时不需要对双母线进行停电处理，减少充放 SF_6 气体数量	1．适用于满足现行通用设计要求的户内/户外 220kV 变电站高压侧、500kV 及以上变电站 220kV 侧。 2．适用于 220kV 组合电器中新建出线、新建主变压器进线、备用出线回路、分段回路。 220kV 双断口隔离开关 GIS 设备为国网 2022 版通用设备
SVG	1．SVG 动态无功补偿装置将电压源型逆变器经过电抗器并联在电网上，以功率因数、网测电压作为控制目标，动态跟踪电网电能相关指标的变化，并根据变化情况调节无功输出。采用数字化控制，逆变主电路采用 IGBT 功率模块。 2．具有补偿范围宽、响应时间快、补偿功能多样化、占地面积小等技术优势。 3．动态无功补偿（SVG）分为户内（建筑物）、户外（舱内）安装两种方式，冷却方式分为水冷和风冷	1．在具有较大规模的、区域性新能源产业基地，新能源汇集变电站。 2．电铁系统的变电站内。 3．带钢铁厂、化工厂负荷的变电站。 现有通用设备无该设备。物资平台有 66kV/60Mvar 和 35kV/20Mvar、35kV/30Mvar 三种设备信息
预制光缆	预制光缆由光缆、光纤连接器、光缆分支器等组成。 根据智能变电站光缆应用的需求，预制光缆可选用连接器型预制光缆与分支器型预制光缆两种类型，光缆芯数宜选用 4、8、12、24 芯。 根据使用环境和安装位置不同，连接器型预制光缆分为插头光缆组件和插座光缆组件两部分。 连接器分多芯连接器和单芯连接器。多芯连接器用于连接器型预制光缆组件的连接，分为插头和插座两部分。多芯连接器应集成化、小型化，在同一个链路方向内集成更多的芯数。单芯连接器用于柜内、舱内的设备光口连接，应满足设备厂家 ST、LC 等类型光口的连接需要	220kV 及以上智能变电站

续表

设备名称	技术特点	适用条件
预制舱式二次组合设备	1．预制舱式二次组合设备，由舱体、机柜、二次设备、舱体辅助设施等组成，在工厂内完成制作、组装、配线、调试等工作，以箱房形式整体运输至工程现场，就位安装于基础上。 2．预制舱体一般采用以下 3 种外形尺寸（高×宽×长）： Ⅰ型舱：3200mm×2800mm×6200mm； Ⅱ型舱：3200mm×2800mm×9200mm； Ⅲ型舱：3200mm×2800mm×12200mm。 3．舱体一般采用钢结构预制舱，根据环境条件也可采用玻璃钢等复合材料的预制舱。 4．舱体宜采用双坡屋顶结构，屋面坡度不小于 5%，北方地区可适当增大屋面坡度，预防积水和积雪。 5．舱底板可采用花纹钢板或环氧树脂隔板。舱地面应采用防静电活动地板，活动地板钢支架应固定于舱底。舱底板与防静电活动地板之间为线缆走线夹层，净高度宜为 200～250mm。舱内地面（活动地板）标高与室外场坪之间高差宜为 450mm。 6．二次设备安装采用屏（柜）方式或机架式结构。舱内二次机柜宜双列靠墙布置。 7．二次设备宜采用前接线、前显示、前维护结构形式，装置前面板宜采用向上平移或右轴旋转打开方式。 8．舱内设置 1～2 个与站内电缆沟连通的线缆通道进出口，并满足易于防火封堵和防止小动物进入的要求。 9．舱内二次设备与舱外光纤联系应采用预制光缆，舱内二次设备与舱外电缆联系可采用预制电缆	220kV 及以上 AIS 变电站
环保气体组合电器	1．使用降低 SF_6 气体比例的 SF_6 混合气体（$30\%SF_6+70\%N_2$）方案维持了传统 GIS 设备小型化的特点，额定电压、电流、短路开断、灭弧水平均能达到理想效果。 2．以 CO_2 作为 GIS 绝缘和隔离接地开关灭弧介质，介质不易液化，能适应低温环境。 3．使用洁净空气（$80\%N_2+20\%O_2$）作为 GIS 绝缘和隔离接地开关灭弧介质，具备与 SF_6 灭弧室相当的短路开断能力，且触头磨损少，机械寿命更长	环保气体组合电器产品适用于 110kV 电压等级，但现阶段尚未推广应用。产品适用范围可达-40℃环境，能够应用到高寒高海拔地区。随着技术的提升，无氟气体 GIS 产品将扩展至更高的电压等级，在组合电器设备中得到广泛应用。 目前，各电压等级的环保气体组合电器并非国网通用设备且暂无物料号，无法通过物资招标采购
植物油变压器	植物油变压器油由天然油料作物经压榨，精炼和改性制备而成，具有燃点高、电气性能良好、原料来源广阔、可再生和生物降解等优势。 1．植物变压器油的燃点一般超过 350℃，远高于矿物变压器油的燃点。 2．植物绝缘油来源于大豆、菜籽等天然植物，不依赖于石化资源，无毒、可完全生物降解，28 天的生物降解度可达到 97%，不会对环境产生污染。 3．植物绝缘油的工频击穿电压可达到 75kV 以上。 4．植物绝缘油变压器所使用的植物绝缘油更有最低的析气倾向，可大大延缓变压器绝缘纸的老化，保持更好的绝缘强度	1．适用于 500kV 及以下电压等级的变电场所。 2．适用于矿山、军事设施及高层建筑等对消防、安全有较高要求的场所和水源地、农田、景区、街道等环境敏感地区。 3．由于植物绝缘油最低冷态投运温度较高，除少数极低温地区不适用外，植物绝缘油变压器适用条件与普通矿物绝缘油变压器相同。 4．暂无通用设备

4.3.3 变电电气二次工程

（1）变电站应整体考虑保护、自动化、通信等二次设备的布置。二次设备室宜按规划建设规模一次建成，在便于巡视和检修的条件下，应布置紧凑，合理预留屏位。

（2）自动化系统宜配置一键顺控功能，以提升变电站智能化水平，减少运维人员工作量。

（3）宜配置接入远程监控的智能环境控制系统，以实现站内照明、通风、排水、空调、火灾报警、电子围栏等功能的联动控制。

（4）二次组屏方案设计应考虑设备的功耗与散热，同一屏柜中不宜配置过多设备，必要时宜在柜内增加散热装置，应选择低功耗服务器等节能型产品。

（5）除主变压器间隔外，10（35）kV 间隔宜采用保护测控集成装置，以减少设备、降低功耗。主变压器间隔和 110kV 及以上间隔测控装置宜独立配置。

（6）户外变电站可采用预制舱式二次组合设备，220kV 及以下户内变电站间隔层设备宜下放布置于智能控制柜。

（7）智能变电站宜采用预制光缆代替传统熔接型光缆。起点、终点为同一对象的多根光缆宜按照保护双重化的原则整合。

（8）站控层设备宜采用 SNTP（简单网络时钟同步协议）对时方式，间隔层和过程层设备宜采用 IRIG-B、1pps 对时方式，下放至开关柜的 10（35）kV 保护测控一体装置也可采用网络对时方式，以减少计算机屏蔽电缆的使用量。

（9）有条件的地区，可在 35～110kV 变电站试用无重金属污染的磷酸铁锂电池。

（10）变电站直流负荷较为分散时，可采用分层供电方式，在直流负荷较为集中的区域设置直流分电柜，缩短减少直流电缆用量。户外变电站宜在配电装置就地设置交流动力箱，缩短交流供电距离，减少低压电力电缆用量。

（11）端子箱、控制箱等必要时可采用驱潮自动控制装置，设定自动启停湿度。

4.3.4 架空线路工程

（1）线路路径选择应综合考虑电网规划、城镇规划、环境保护、线路长度、气象条件、地形地貌、交通条件、施工和运行等因素，进行多方案技术经济比较确定，确保安全可靠、环境友好、经济合理、方便机械化施工。

（2）路径选择宜采用卫片、航片、全数字摄影测量系统、数字地面模型等新技术优化路径。在地质复杂地区，必要时可采用地质遥感、地质雷达等技术对路径所经地区进行稳定分析，尽量避让重冰区、不良地质作用、复杂地形等地段。

（3）线路路径选择及塔位布置宜考虑当地的自然景观与地形地貌，做到与环境相协调，同时尽量避开自然保护区、水源保护区、风景名胜区等环境敏感区域。

（4）线路路径选择及塔位布置时，应避免大面积房屋拆迁；不占或少占耕地和经济效益高的土地；尽可能避让林木密集区、经济作物区，减少通道砍伐；充分考虑材料运输和施工的便利性。

（5）路径选择应满足对短波无线电测向（收信）台、中波导航台、对空情报（空管）雷达站、电视差转（转播）台、调幅广播收音（监测）台等各类无线电台和弱电线路等设施的电磁影响要求。

（6）在满足可靠性要求的前提下，结合走廊规划情况，合理采用同塔多回技术。走廊拥挤地段宜采用 V 型绝缘子串、导线垂直排列等占用走廊较窄的杆塔型式，压缩线路走廊宽度。

（7）综合考虑规划要求、远景需求、电气性能、机械性能、建设运行费用等因素，综合考量进行导、地线选型，实现全寿命周期内的总体费用最低。

（8）对于同塔多回交流输电线路，应优化导线相序排列方式，提高线路运行可靠度，以降低回路间不平衡引起的电能损失，提高电能质量；线路较长时，应采取完整换位措施。

（9）积极应用节能导线。当采用钢芯高导电率铝绞线时，应根据输送容量、年最大负荷利用小时数等技术条件进行年费用最小法技术经济比较，优先采用导电率 62%IACS 及以上的节能导线，也可采用导电率 61.5%IACS 节能导线；当采用铝合金芯高导电率铝绞线时，应根据输送容量、年最大负荷利用小时数等技术条件进行年费用最小法技术经济比较，优先采用导电率为 52.5%IACS 的铝合金芯高导电率铝绞线；当采用中强度铝合金绞线时，优先采用导电率为 58.5%IACS 的中强度铝合金绞线。

（10）结合电网规划、负荷增长等因素合理选用导线截面，提高单位走廊宽度的输送容量，提高土地资源的利用率。

（11）宜采用非铁磁材料制造的金具，减少磁滞、涡流损失。

（12）结合当地的自然条件和环境特点，合理选择线路绝缘子、金具型式，妥善解决导地线振动、污秽及雷害等问题。处于 d 级及以上污秽区沿海区段或 e 级污秽区时，500kV 及以上电压等级线路耐张串可应用盘型复合绝缘子；在水田、人员密集区、大棚种植区不宜采用玻璃绝缘子。

（13）大风区、风振严重区、2 级及以上舞动区导地线连接金具应选用耐磨型金具。220kV 及以上线路的中重冰区段、2 级及以上舞动区段、风振严重区段宜选用锻造铝合金悬垂线夹及锻造铝合金间隔棒；风振严重区段、1 级及以上舞动区段，可选用非线性零频防振锤或防舞器。

（14）输电线路的防雷设计，应根据线路电压、负荷性质和系统运行方式，结合当地已有线路的运行经验、地区雷电活动的强弱、地形地貌特点及土壤电阻率高低等情况，在计算耐雷水平后，通过技术经济的比较，采用合理的防雷方式。

（15）经过耕地的输电线路，其接地体应埋设在耕作深度以下；位于居民区和水田的接地体应敷设成环形。鼓励研究和采用新技术，减少或避免接地沟槽的开挖，减少对植被的破坏。

（16）在满足工程需要的基础上对杆塔设计进行优化，尽量减小基础根开，减少占地面积。城区及城郊等塔位受限地段，优先采用钢管杆、窄基塔等占地面积少的杆塔。

（17）山区杆塔宜结合地形，采用全方位长短腿设计。

（18）线路路径经过生态脆弱环境或者名胜风景区，在技术条件可行时,可通过采取适当的色彩搭配、杆塔型式的美化及适当的装饰等，使输电杆塔与生态环境、人文环境、社会环境相融合。

（19）积极应用 Q420、Q460 高强钢，在满足荷载校验的前提下，合理选择构件长度，可减少每段重量，减少施工过程中的单吊荷载，方便吊件就位，减少高空作业人员作业时间。

（20）杆塔宜采用三维模型进行内力分析和结构优化，复杂节点及复杂结构宜进行局部强度校验、构件及螺栓相碰校验。

（21）在高腐蚀地区条件允许时，宜采用耐候钢，提高杆塔防腐蚀性能。

（22）当架空输电线路经过航空线或者杆塔高度较高时，应在导线或者杆塔上设置航空、航道障碍标志和警示标志。

（23）杆塔应合理设置攀爬设施、简易休息平台、防坠落装置；跨越塔导、地线横担和通往航空障碍灯处均应设置安全走道。

（24）综合进场条件、地形地貌、地质条件等因素，合理选择基础型式，优先使用挖孔、岩石锚杆、微型桩等原状土基础。

（25）山地、丘陵地段基础选型应优先考虑原状土挖孔桩，桩身抗拔验算应满足不考虑扩底的情况下满足荷载要求，必须扩底的，扩孔形状、尺寸应考虑机械扩底可行性。避免施工过程中人工扩底，避免有限空间作业。

（26）积极应用国家电网有限公司工法创新三年行动成果，对于岩石基础，可考虑二氧化碳致裂取代传统爆破方式。

（27）山区杆塔结合全方位长短腿设计，因地制宜设计不等高基础，尽可能做到零降基面，减少土石方开挖和水土流失。

（28）塔基周围应做好水土保持与植被恢复。合理选择边坡处理方案，有条件时优先采用生态植被护坡，对于滑坡、崩坎等部位应采取护坡或挡土墙等措施。对可能出现汇水面、积水面的塔位，应进行排水设计。同时根据塔位具体地形地貌，合理确定施工余土的处理方案，减少余土对环境的影响。

（29）杆塔基础宜采用预拌混凝土，钢筋连接宜采用机械连接方式。受力钢筋优先选用 400MPa 级及以上高强钢筋。

4.3.5　电缆工程

（1）电缆路径应与城市总体规划相结合，电缆土建设施有条件时应与市政建设同步实施，并宜按电网远景规划一次建成，减少重复施工对周边环境带来的影响。

（2）重要变电站进出线、回路集中区域、电缆数量在 18 根及以上或局部电力走廊紧张情况下，宜采用电缆沟或隧道形式。

（3）在电缆通道开挖受阻时，合理考虑采用非开挖拖拉管或顶管技术。

（4）交叉互联箱、接地箱宜尽量靠近接头设置，减少接地线和交叉互联线的长度。

（5）人员密集区域或有防爆要求场所的 110kV 及以上电缆户外终端应选择复合套管材质。

（6）110kV 及以上电力电缆，其外护层优先选用聚乙烯，有阻燃要求时可采用聚氯乙烯外护层。

（7）对于路径较长的电缆线路，电缆金属护套接地系统宜选取分段均等的交叉互联接地，对双回路电缆相序排列优化，减少电缆外护套环流，降低外护套损耗。

（8）积极应用电缆线路智能监控系统，如智能接地箱、故障监测装置、光纤测温系统等。

（9）在满足生产、运输、施工及感应电压要求的前提下，宜尽量增大电缆盘长，减少接头数量。

（10）单芯电缆的夹具及保护管应选用非铁磁性环保可再生材料，降低电能损耗。

（11）综合考虑电网规划、施工运行要求等因素，优化电缆敷设构筑物截面，提高线路走廊的利用率，减少占地。

（12）结合电网规划，土建管孔、电缆走廊数量宜适当留有备用。

（13）电缆线路埋设在城市绿化带时，其覆土厚度应满足恢复绿化植被的要求。

（14）电缆通道建设宜采用装配式构件，如预制式工作井、箱涵、盖板等。

（15）排管管材宜选用 HPVC 等强度高、耐久性好的环保型材质。

（16）受力钢筋优先选用 400MPa 级及以上高强钢筋。

4.4 典 型 案 例

4.4.1 预制构件

1. 预制散水

混凝土散水厚度为 100mm，宽度为 800～1000mm，外边缘倒角，散水与建（构）筑物间均留 20mm 变形缝，每块散水之间留缝 5mm，缝下部采用 1:1 沥青砂灌缝，表面 10mm 厚硅酮耐候密封胶封闭。相比现浇散水，预制散水圆弧倒角顺直，沉降缝设置规范，便于配送和安装，提高了施工效率。图 4.4-1 为预制混凝土散水示意图。

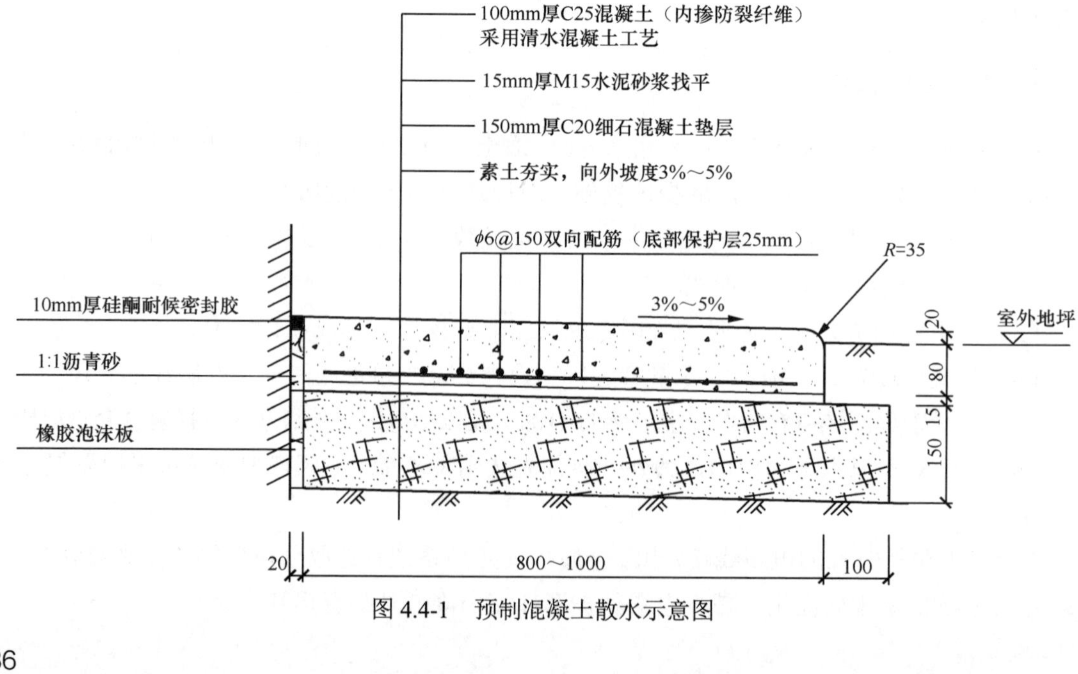

图 4.4-1 预制混凝土散水示意图

2. 预制围墙压顶

围墙压顶采用预制钢筋混凝土结构，如图 4.4-2 所示。标准块压顶尺寸为 390（450）mm×1490mm，对应围墙厚为 240（300）mm。压顶两侧厚度为 100mm，中间厚度为 125mm，以利于向两侧排水，压顶下部设置滴水槽。预制压顶安装前用 M15 水泥砂浆坐浆 20mm 找平，分段安装。每块压顶之间留缝 10mm，安装缝（变形缝除外）内填沥青麻丝，外用硅酮耐候胶封闭。

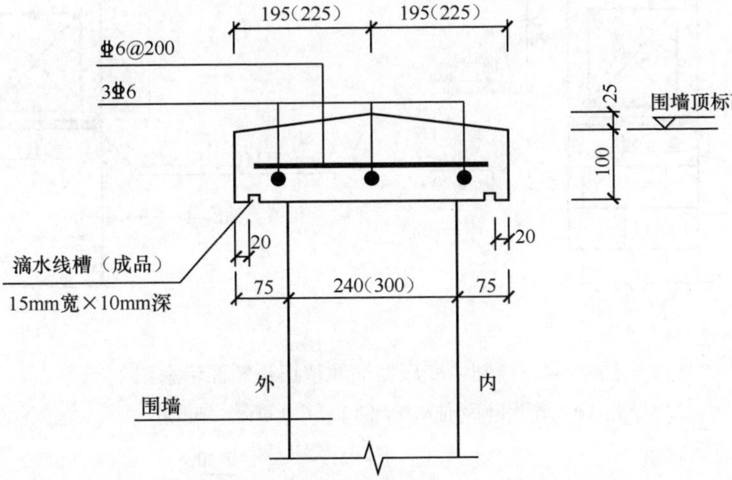

图 4.4-2　预制围墙压顶示意图

3. 预制主变压器油池壁压顶

预制主变压器油池壁压顶采用预制钢筋混凝土结构，压顶上部采用圆弧形倒角，倒角半径 R 为 35mm。压顶安装前，主变压器油池壁顶部均匀摊铺 15mm 厚 M15 水泥砂浆找平。每块压顶之间留缝 10mm，内填沥青麻丝，表面硅酮耐候胶封闭。预制主变压器油池压顶尺寸为 990mm×250mm×200mm，方便现场安装。预制主变压器油池壁压顶平面、断面示意图如图 4.4-3、图 4.4-4 所示。

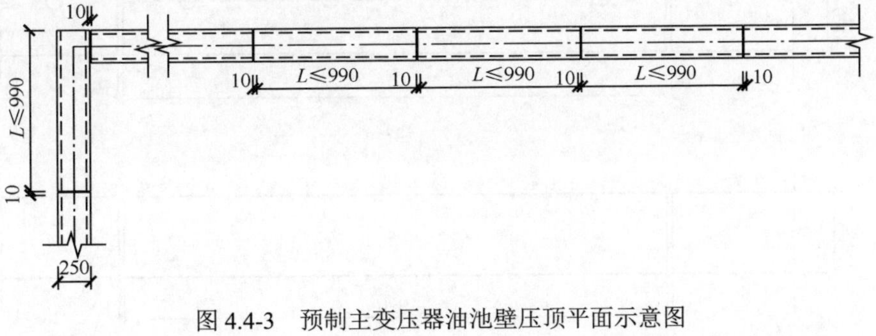

图 4.4-3　预制主变压器油池壁压顶平面示意图

4. 预制电缆沟压顶

预制电缆沟压顶采用清水混凝土结构。电缆沟压顶尺寸为 990mm×200mm×150mm，压顶上部采用圆弧形倒角，倒角半径 R 为 30mm。压顶顶部设置柔性垫块（如直径 30mm、厚 6mm 橡胶条），确保每块盖板下均有柔性支撑。预制压顶安装前用 M15 水泥砂浆坐浆 15mm 找平，并应分段安装，每段长度不大于 1m。每块压顶之间留缝 10mm，内填沥青麻丝，表面硅酮耐候胶封闭。预制电缆沟压顶外形如图 4.4-5 所示。

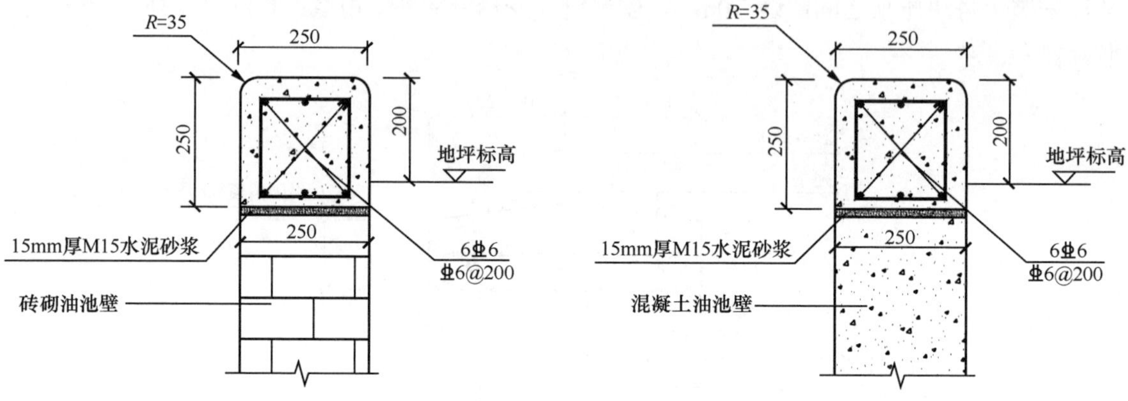

（a）　　（b）

图 4.4-4　预制主变压器油池壁压顶断面示意图

（a）适用于砖砌油池壁；（b）适用于混凝土油池壁

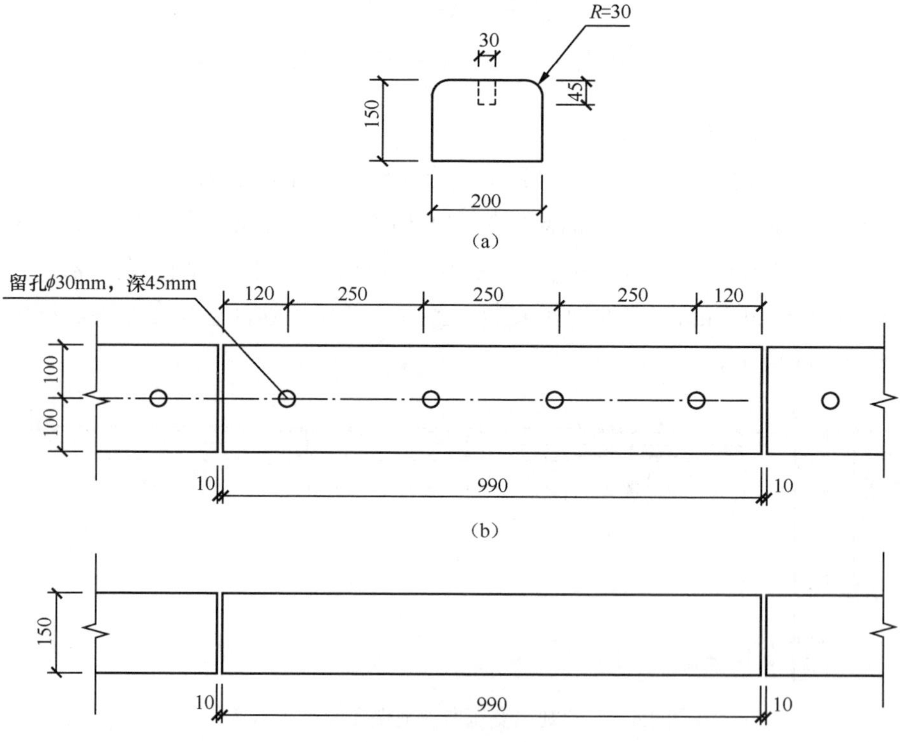

图 4.4-5　预制电缆沟压顶外形

（a）压顶断面图；（b）压顶平面图；（c）压顶侧视图

5. 预制电缆沟盖板

电缆沟盖板宜采用包角钢的预制钢筋混凝土结构。包角钢的电缆沟盖板板厚度取 50mm 或 60mm，每块宽度为 495mm，长度根据电缆沟尺寸确定。盖板顶面设置防滑条纹，四周倒圆角，以防止磕碰。有防风沙要求的地区，盖板需采取相应防风沙构造。预制钢筋混凝土盖板如图 4.4-6 所示。

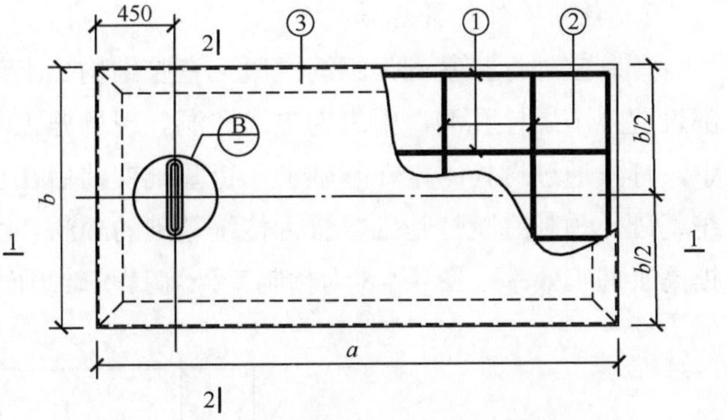

图 4.4-6　预制钢筋混凝土盖板（包角钢）

6. 预制空调外机基础

预制空调外机基础厚度为 300mm，宽度一般为 800mm，常用长度为 1200～1800mm，外边缘倒角半径 35mm，基础与建（构）筑物间均留 20mm 变形缝，缝下部采用 1:1 沥青砂灌缝，表面采用 10mm 厚硅酮耐候密封胶封闭。相比现浇空调外机基础，预制基础在配送、安装过程中更加方便和快捷。空调外机基础平面图如图 4.4-7 所示。

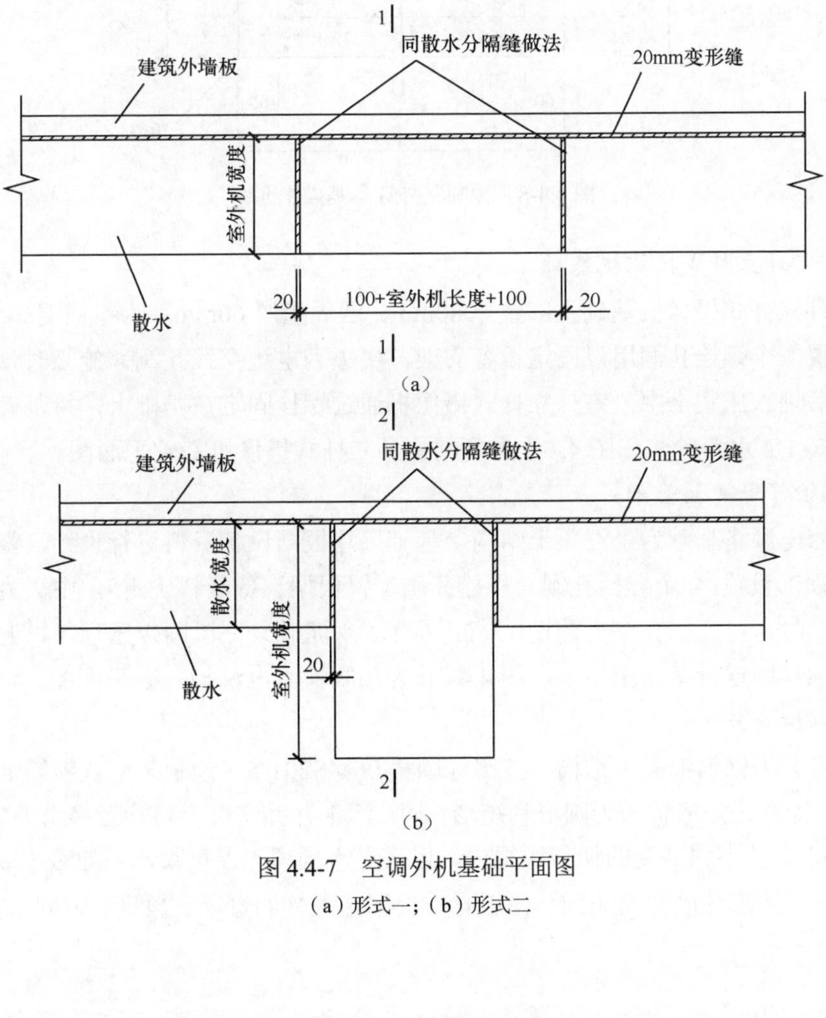

图 4.4-7　空调外机基础平面图

（a）形式一；（b）形式二

7. 预制室外灯具基础

预制室外灯具基础为钢筋混凝土空腔结构，上部壁厚 80mm，四周壁厚 60mm，空腔顶部设置 4 个螺栓孔洞，中央为电缆孔洞。现场施工时，在基础上安装螺栓，然后埋入压实土中，灯具通过螺栓固定在基础上，待基础安装后在垫层范围内浇筑 1:2 水泥砂浆。相比于传统基础，预制庭院灯基础重量为传统基础的 60%，大大节约了水泥用量，便于运输及安装，提高了施工效率。图 4.4-8 为预制室外灯具基础平面图。

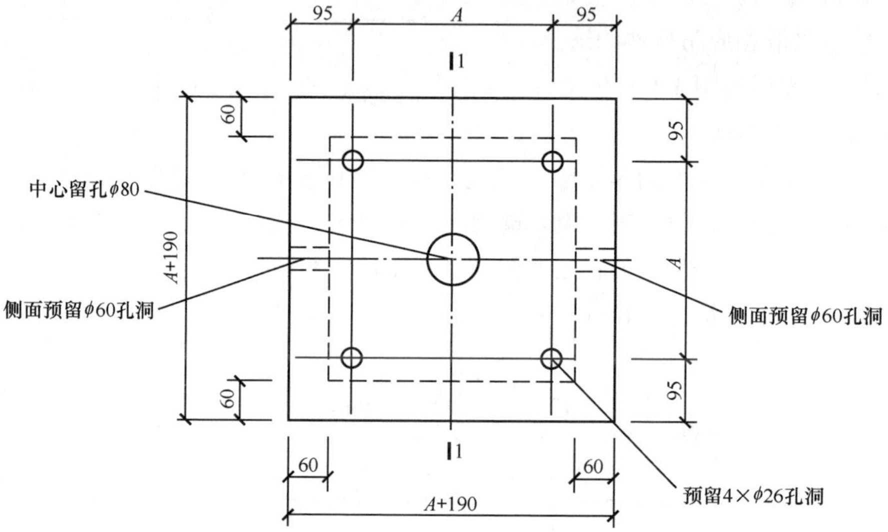

图 4.4-8　预制室外灯具基础平面图

8. 预制室外立杆式摄像机基础

预制室外立杆式摄像机基础上部壁厚 80mm，四周壁厚 60mm，为钢筋混凝土空腔结构，空腔顶部设置 4 个螺栓孔洞用以固定设备支架，中央为电缆穿线孔洞。施工时，螺栓安装于基础上，然后埋入压实土中，室外立杆式摄像机通过螺栓固定在基础上，待基础安装后在垫层范围内浇筑 1:2 水泥砂浆。图 4.4-9 为预制室外立杆式摄像机基础平面图。

9. 预制检修电源箱基础

预制检修电源箱基础为素混凝土结构，基础尺寸根据设备资料进行设计，基础四周壁厚 200mm，在顶部设置 4 个螺栓孔洞（螺栓孔洞位置根据设备资料确定），中央为电缆穿线孔洞。实际施工时，可先在底座上铺设 15mm 厚 1:2 水泥砂浆，以固定压顶，再通过中间的方形孔洞安装螺栓固定设备在压顶上。图 4.4-10 为预制检修电源箱基础平面图。

10. 预制检查井

预制检查井为钢筋混凝土结构，按国标图集 06MS201-5《预制装配式钢筋混凝土排水检查井》执行。检查井按形状分为圆形和矩形。雨、污水井井室高度可通过多节井室组合调节。井筒由井圈和 7 种不同高度的调节块组成，以满足不同覆土厚度要求，直径有 φ700、φ800 两种，圆形井、矩形井的井筒相同。使用时应根据接入管的管径、数量、方向、转角、高程、覆土厚度和有无井室盖板等条件选用井型。圆形检查井井型有ϕ700、ϕ800、ϕ1000、ϕ1200及ϕ1500，矩形检查井井型有 1360mm×1360mm 及 1600mm×1600mm。相比砖砌或现浇混凝土检查井，预制检查井更便于运输及安装，提高了施工效率。图 4.4-11 为预制检查井平面示意图。

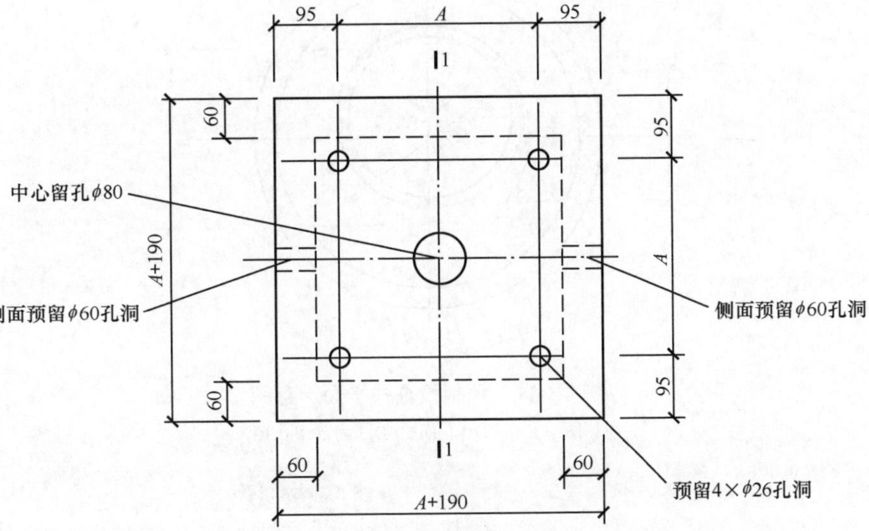

图 4.4-9　预制室外立杆式摄像机基础平面图

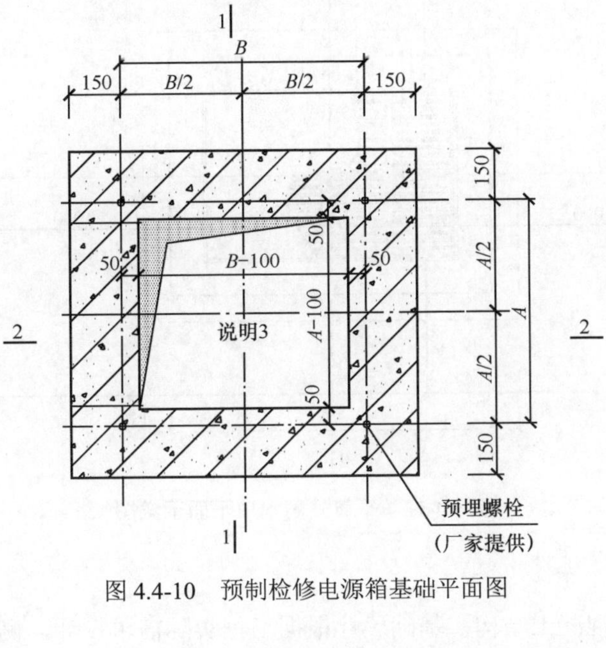

图 4.4-10　预制检修电源箱基础平面图

11．预制雨水口

预制雨水口为素混凝土结构，按国家标准图集 16S518《雨水口》执行。深度规格为H=940mm、H=720mm 两种，可根据不同的使用条件及要求进行选用。相比于砖砌体雨水口或混凝土模块砌体雨水口，预制雨水口便于运输及安装，提高了施工效率。图 4.4-12 为平箅式雨水口平面示意图。

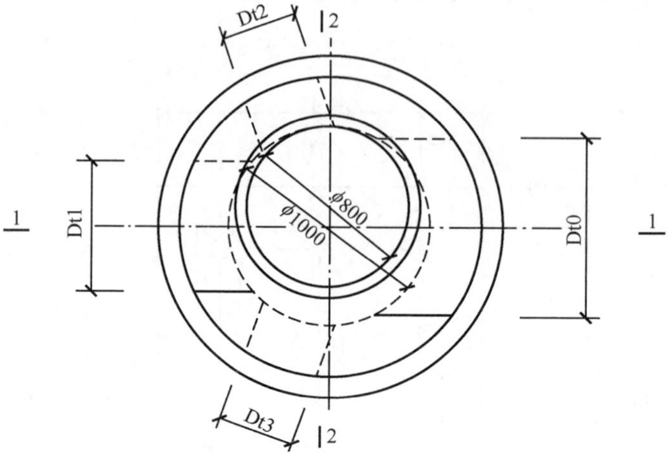

图 4.4-11　预制检查井平面示意图

注：图中 Dt0、Dt1、Dt2、Dt3 为预留孔径。

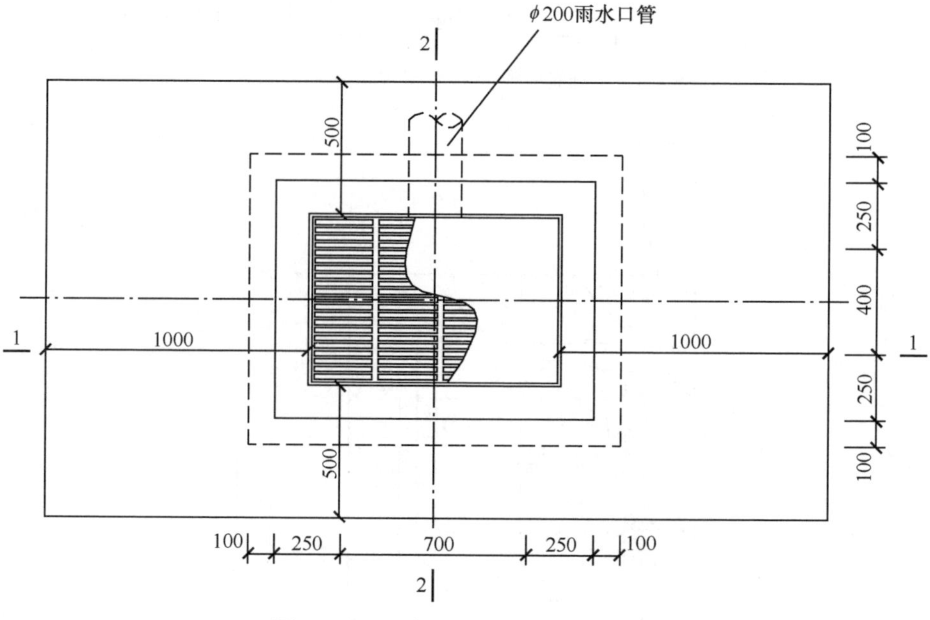

图 4.4-12　平箅式雨水口平面示意图

12. 预制排水沟

预制排水沟为素混凝土结构，基础尺寸根据工程实际需求设计，侧壁、底板厚 250mm。排水沟高出地表 150mm，并制作缓坡以便通行。预制排水沟长度模数应以电缆沟变形缝间距确定，长度宜为 2m。预制排水沟便于运输及安装，提高了施工效率。图 4.4-13 为排水沟平面示意图。

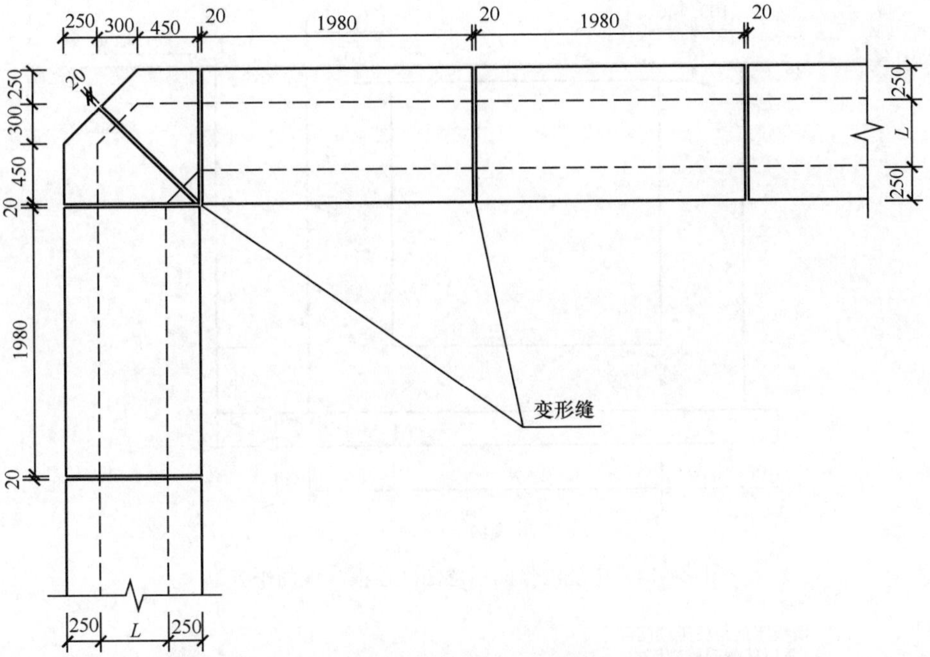

图 4.4-13 排水沟平面示意图

13. 预制化粪池

预制化粪池采用玻璃钢化粪池，按国标图集 14SS706《玻璃钢化粪池选用与埋设》执行。在长度方向分为双格或三格。按照建筑物类型、每人每日计算污水量、每人每日计算污泥量、污水停留时间和污泥清掏周期等参数，选取所需化粪池型号。当设计计算有效容积大于最大单个产品的有效容积时，宜选用两个或多个化粪池以并联方式设置。化粪池基础采用中粗砂或细碎石土弧基础。

14. 预制电缆沟

预制电缆沟采用钢筋混凝土结构。预制电缆沟壁厚 250mm，底板厚 200mm。常规净尺寸（宽×高）有 0.8m×0.8m、1.1m×1.0m、1.2m×1.4m、1.4m×1.8m 等不同型号，实际使用时按照电气专业要求进行选用。相比于常规的现浇钢筋混凝土电缆沟，预制电缆沟生产、运输及现场安装便利。装配式电缆沟到货前应根据电缆沟平面布置图熟悉所安装电缆沟的规格以及编号，电缆沟到货时核对装配式电缆沟规格编号，尽可能地将相应编号的电缆沟放于所要安装的场地附近，以减少二次搬运。装配式电缆沟厂家提供的配件有连接螺栓（配套垫片，螺帽）、止水胶条，卸货时注意核对配件是否齐备。图 4.4-14 为电缆沟平面示意图。

15. 装配式围墙

围墙采用预制钢筋混凝土柱+预制墙板，柱、墙板均采用预制构件，清水混凝土施工工艺，基础及地梁根据工程实际要求进行设计，柱与基础采用钢板连接。墙板与梁、柱、墙板之间处进行填缝处理，填缝要求密实无空隙。围墙立面如图 4.4-15 所示。

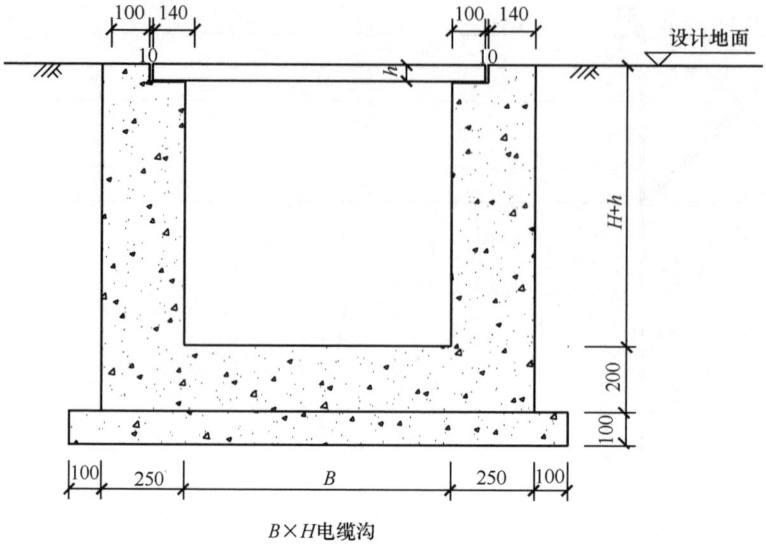

图 4.4-14　电缆沟平面示意图（盖板与地面平齐）

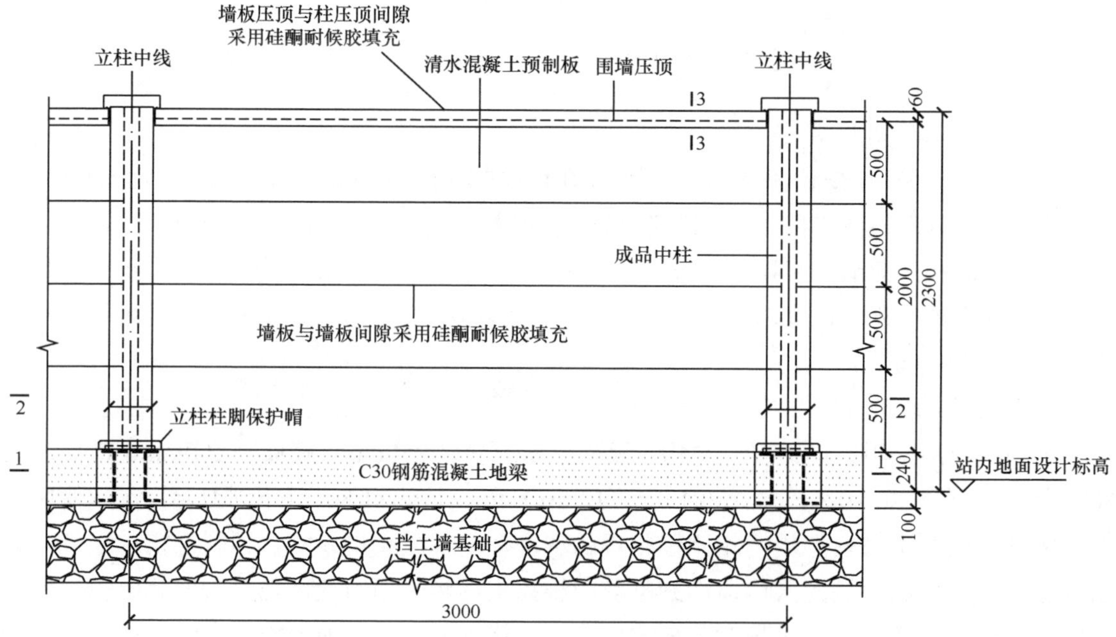

图 4.4-15　围墙立面

16. 装配式防火墙

防火墙采用装配式结构，梁、柱、墙板均采用预制构件，清水混凝土施工工艺。基础尺寸根据工程实际需求设计，柱固定于杯口基础上。顶梁与柱的节点区域现浇。墙板与梁、柱、墙板之间处采用防火胶泥填缝，填缝要求密实无空隙。相比于现浇混凝土防火墙，装配式防火墙由于是模块化、标准化，其生产、运输及安装在一定程度上更加简单便捷，易于操作。图 4.4-16 为防火墙板拼装图。

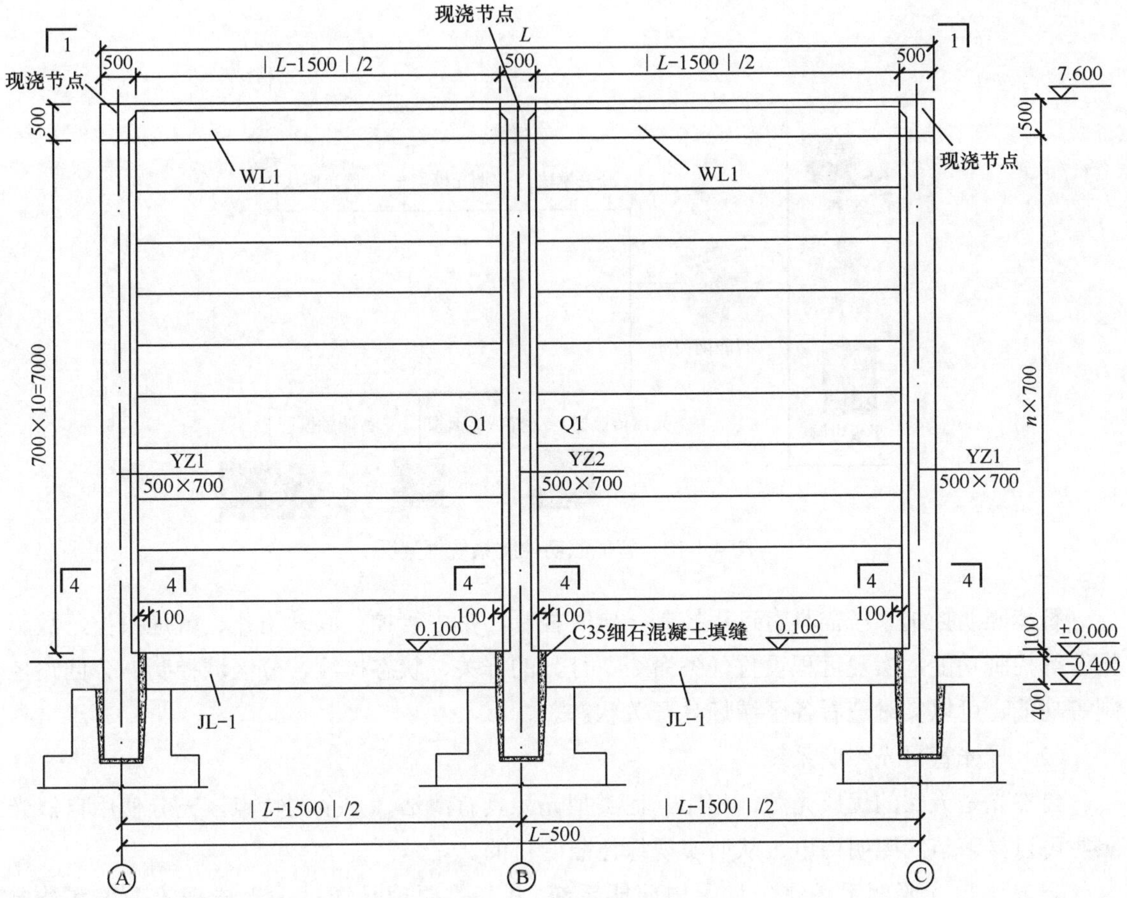

图 4.4-16　防火墙板拼装图

4.4.2　变电站绿色照明

1. 常见绿色照明系统

（1）智能照明控制系统。

智能照明控制系统通过结合物联网技术和网络技术将变电站内各子系统级独立设备集成至统一平台进行联动控制及综合管理。

经过调研，国内多数智能照明系统由系统主机、智能连接设备、智能采集设备、智能控制设备、软件平台等几部分组成，设备间常用的通讯方式包括有线网络、无线网络、无线自组网等方式。智能照明系统除控制灯具等功能外还可集成空调、窗帘、投影仪等其他类型设备控制功能，实现单平台全管控功能。系统框架见图 4.4-17。

智能照明控制系统的灯具分为两类：①金卤灯等灯具，一般需在灯具前加装智能断路器模块通断电源回路控制灯具开闭；②LED 灯具，灯具集成微波感应功能并具有相应控制器，以实现灯具的开闭。推荐在工程中采用配置集成微波感应功能的 LED 灯具进行设计，并采购同厂家或同协议的智能控制系统和灯具。

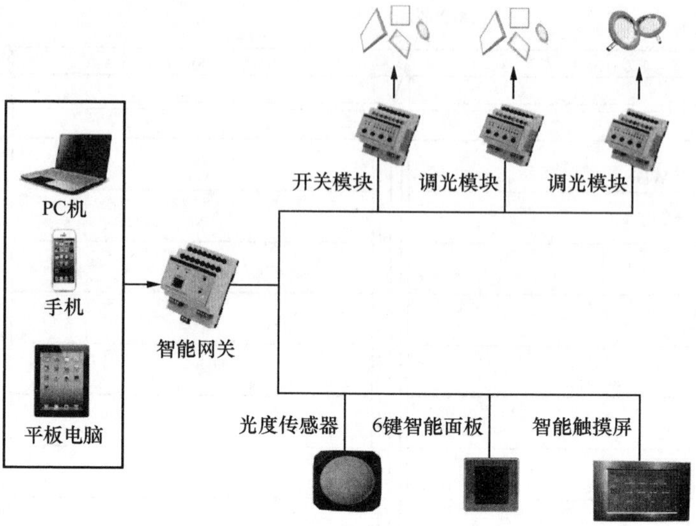

图 4.4-17　智能照明控制系统框架图

智能照明控制系统需具有远程控制、定时控制、集中管控、联动工作、就地操控、故障报警等控制功能，实现远程设置任务命令、灯具的开关、状态检测、分区域控制、分回路控制等功能，可以实时查看各区域灯具开关状态。

（2）导光管日光照明系统。

自然光是天然的优质光源，相比其他类型光源具有清洁、安全的特点，充分使用自然光照明可以显著节约照明用电，从而实现绿色照明目的。

导光管日光照明系统是一种无电照明系统，其基本原理是通过采光罩高效采集室外自然光线并导入系统内重新分配，再经过特殊制作的光导管传输和强化后，由系统底部的漫射装置把自然光均匀高效地照射到任何需要光线的地方。从黎明到黄昏，甚至雨天、阴天，导光管日光照明系统导入室内的光线仍然很充足，可以为室内提供有效、均衡的全光谱照明。

通过优化采光装置和漫射装置的材料配置，提高系统的采光及传导效率，使采集的光量尽可能多而在导光管内的传输损失尽可能少，收集室外的阳光并滤除97%以上的紫外线，将安全的阳光导入系统内部，并将热量和紫外线拒之室外。

导光管日光照明系统主要由三大部分组成：①采光区，由特殊的透镜组及防护罩构成，负责外部自然光的采集；②传导区，这部分由一段内壁涂有高反射材料的管道组成，负责将采集的自然光反射传输；③输出区，此部分由散光部件构成，负责将传导区的光源均匀散射至照明区域。其结构如图 4.4-18 所示。

（3）太阳能庭院灯。

太阳能是一种技术成熟、性能可靠、长寿命、使用方便、无污染、无噪声，易于大规模生产的可再生能源，也是国际社会公认的理想替代能源。开发利用太阳能，对于保障能源安全、保护生态环境、实现可持续发展具有重要意义。

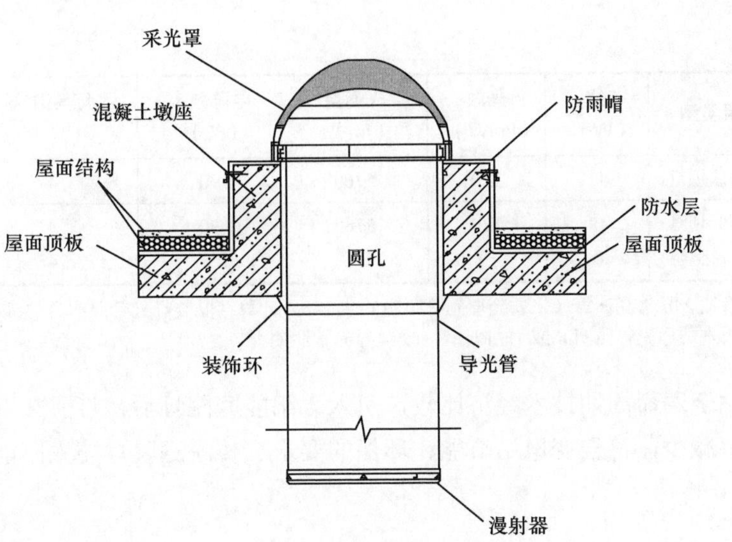

图 4.4-18　导光管日光照明系统组成

太阳能庭院灯是对太阳能的重要开发应用。太阳能庭院灯设备由太阳能光伏组件、控制器、蓄电池、逆变器及灯具等设备组成。太阳能电池组件，使用寿命可达 20 年以上，性能稳定，同时维护费用较低，适应变电站节能和环保的要求。

2. 经济性分析

智能照明控制系统可以合理使用照明灯具，避免照明资源浪费，实现照明二次节能。智能照明控制系统采用光照度感应控制，夜间亮灯，且无人时 30%功率运行，巡检人来时 100%功率运行；传统照明控制系统夜间灯具常亮。以单次夜间巡检为例，传统控制方式与智能控制方式单次能耗对比如表 4.4-1 所示。

表 4.4-1　技术参数对比表

设备区域	控制方式	功率（W）	光效（lm/W）	光通量（lm）	电源效率（%）	灯具数量（只）	单次耗电量（kWh）
户外设备 LED 泛光灯	传统控制	250	140	35000	90	44	122
	智能控制	250	140	35000	90	44	75

注　单次夜间巡检按 10h 计算，每夜巡检三次，每次按 1.5h 计算。

在走廊、办公室、会议室等一般房间增加导光管日光照明系统，房间内仍安装 LED 低顶灯，增加导光管日光照明系统前后房间用电量对比见表 4.4-2。

表 4.4-2　技术参数对比表

设备区域	灯具类型	功率（W）	光效（lm/W）	光通量（lm）	电源效率（%）	灯具数量（只）	年耗电量（kWh）
走廊	LED 低顶灯	25	135	3378	90	6	1460
	LED 低顶灯 导光管照明	25 0	135 —	3378 —	90 —	6 6	852

续表

设备区域	灯具类型	功率（W）	光效（lm/W）	光通量（lm）	电源效率（%）	灯具数量（只）	年耗电量（kWh）
会议室 办公室	LED 低顶灯	48	120	5760	90	4	234
	LED 低顶灯 导光管照明	48 0	120 —	5760 —	90 —	4 4	58

注 走廊年耗电量按 24h 常亮计算（未安装导光管照明）或 14h/d 计算（安装导光管照明）；会议室、办公室耗电量按 4h/d 计算（未安装导光管照明）或 1h/d 计算（安装导光管照明）。

通过变电站全寿命周期技术经济比较，引入太阳能庭院灯后，灯具在寿命期内的能耗和检修成本将大幅减少，符合变电站节能、环保的要求。传统庭院灯与太阳能庭院灯技术对比见表 4.4-3。

表 4.4-3　　技术对比表（各 1 只）

项目 \ 光源			普通庭院灯（85W）	太阳能庭院灯（90W）	备注
初期投入	购灯费用		2000 元	5600 元	可代替普通灯
功率	有效功率		56W	81W	
	实际功率		85W	90W	
耗电量	每天耗电量		1.02kWh	无	以每天工作 12h 计算
	每年耗电量		372.3kWh	无	以一年 365 天计算
电费	每年电费		372.3 元	无	以商业用电为 1 元 / kWh 计算
	每年可节省电费		372.3 元		
维修费用	灯管	寿命	1.5 年	6～10 年	
		更换次数	5 次	1 次	
		单价	80 元	120 元	
		小计	400 元	120 元	
	镇流器	寿命	3 年	无	
		更换次数	3 次	更换电池 1 次	
		单价	150 元	150 元	
		小计	450 元	150 元	
	人工费		300 元 / 10 年	厂家负责	
	小　计		1150 元	270 元	
使用 10 年的成本合计			7273 元	5990 元	节省费用 1283 元

【思考题】

1. 请简述变电工程中常见的预制化构件。
2. 请举例 5 项变电工程典型的绿色化一次设备。
3. 请简述线路工程路径选择时应考虑的主要影响因素。

第5章 绿色施工

绿色施工是整个绿色建造过程最关键的环节，绿色施工执行的好坏直接决定全过程绿色建造水平的高低。本章从实施要求、“四节一环保”、职业健康安全、机械化施工、智能化施工五个方面明确了实施绿色施工的管理要求和技术实施路径，并通过输变电工程不同阶段提出了具体做法。

5.1 工 作 原 则

（1）遵循可持续发展。在建筑施工过程中，遵循环保、可持续发展等原则，以减少对环境的负面影响，提高施工过程的可持续性。

（2）减少对自然资源的消耗。在施工过程中，应尽量使用可再生资源，将施工过程中产生的废物进行分类和回收利用。同时应尽量减少对水、能源等资源的使用，提倡节约用水、节约能源的施工方式。

（3）减少对环境的污染。在施工过程中，应采取措施减少粉尘、噪声等对周围环境的污染。施工现场应设置合理的防尘措施，如覆盖建筑材料、喷洒水雾等，避免粉尘扩散。同时，在施工过程中，应优先选择低噪声设备和机械，减少对周边居民的干扰。

（4）减少废弃物的产生。在施工过程中，应合理规划施工工艺，减少废弃材料的产生。对于产生的废弃物，应分类处理，如将可回收材料进行回收利用，将有害废弃物进行专门处理，不仅能减少对环境的污染，还能节约资源，提高施工效率。

（5）保护生态环境。在施工过程中，应尽量保留原有的植被和生态环境，避免破坏生态系统。对于被破坏的植被，应及时进行修复和补植，恢复生态环境的稳定。同时，在施工现场周边应设置合理的围挡和警示标志，保护周边环境和行人安全。

（6）优化施工过程，提高施工效率。在施工过程中，应积极推广机械化、智能化施工方式，提高施工效率，减少施工时间。同时，合理规划施工进度，减少不必要的等待时间和资源浪费。

5.2 实 施 要 求

5.2.1 管理实施

1. 各方职责

（1）建设单位贯彻落实绿色施工的法律法规、部门规章和工程建设标准，执行绿色建造管理相关标准和要求；履行工程建设阶段的绿色建造管理职责，落实执行绿色策划实施要求；定期开展绿色建造过程检查及专题分析，研究制订改进提升措施；建立并运行绿色建造专家库，完善专家支撑体系、选用体系、评价体系。

（2）设计单位按照相关标准、合同要求及经审批的绿色设计策划开展施工图设计，确保工程满足绿色建造标准和验收规范的要求；在施工图中明确设备材料绿色、低碳、高效、节能等要求，配合完成设备、材料的物资招标工作；加强绿色设计交底，指导施工现场执行绿色设计相关要求。

（3）监理单位按照绿色建造管理相关标准和监理合同要求开展监理工作；审核施工单位绿色施工策划，并监督执行；通过见证、旁站、巡视、平行检验等手段，对工程绿色建造质量进行检查、控制；协助做好绿色移交相关工作。

（4）施工单位按照绿色建造管理相关标准、合同要求及经审批的绿色施工策划组织施工，确保工程满足绿色建造标准和验收规范的要求；加强施工组织管理，确保绿色施工管理体系有效运转；严格按施工图纸组织施工，在施工过程中严格执行“四节一环保”措施；运用机械化、智能化手段提升绿色建造整体水平。

2. 策划实施

（1）各工程参建单位项目部负责人为绿色施工第一责任人，负责绿色施工的组织实施及目标实现，并指定绿色施工管理人员和监督人员。

（2）落实策划中节地与临时用地保护措施，科学布置施工现场，统筹临建搭设整体方案，减少地面硬化，利用再生材料或可周转材料进行临时场地硬化利于复垦。

（3）落实策划中环境保护措施，开工即建立完善监测及分析施工现场扬尘、噪声、光、污水、有害气体、固体废弃物等各类污染物的措施。制订环境管理计划及应急预案，采取有效措施降低环境负荷，保护地下设施、文物和地下水等资源。

（4）落实策划中节材措施，编制施工方案鼓励专章分析节材优化内容，选用绿色建材和设备，尽量利用可循环材料等，实现建筑垃圾源头减量、过程控制、循环利用。制定并落实材料使用的减量计划，设定可实现的材料损耗率指标。

（5）落实策划中节水措施，做好施工现场雨水、中水科学收集和二次利用，满足工程建设地政府对工业建筑落实海绵城市的工作要求，注意透水铺装、下沉式绿地等措施落实。

（6）落实策划中节能措施，对能耗进行指标分析。

（7）施工管理信息化，宜积极运用BIM、大数据、云计算、物联网及移动通信等信息化技术建立完善的绿色建材数据库和施工机械设备数据库，提高施工管理的信息化和精细化水平。

（8）加强绿色建造施工新技术、新材料、新工艺、新设备应用，优先选用“建筑业10项新技术”“电力建设五新技术”。

（9）形成一批项目部级针对性的专门绿色施工管理制度并下发使用。部分绿色施工管理制度模板参考附录C.1。

3. 过程实施

（1）工程开工前，施工单位组织向施工项目部及分包人员进行绿色建造施工交底。

（2）绿色建造施工应对整个施工过程定期实施动态管理记录，加强对施工策划、施工准备、材料采购、现场施工、工程验收等各阶段的过程记录和管理。

（3）结合工程特点，有针对性地对绿色建造开展宣传，营造绿色建造施工的氛围。

（4）定期对施工人员进行绿色建造知识培训，增强施工人员绿色建造意识。

（5）加强职业卫生与人员健康管理，制定施工防尘、防毒、防辐射等职业危害的措施，保障施工人员的长期职业健康；合理布置施工场地，保护生活及办公区不受施工活动的有害影响，施工现场建立卫生急救、保健防疫制度；提供卫生、健康的工作与生活环境，加强对施工人员的住宿、膳食、饮用水等生活与环境卫生等管理，明显改善施工人员的生活条件。

（6）在施工过程中，形成一系列绿色施工记录表（见附录C.2）。

4. 施工监理实施

（1）在监理规划等策划文件中明确绿色建造检查、控制的手段和措施。

（2）开工前，审查绿色建造施工管理体系是否建立健全，人员配备及责任分工是否明确。

（3）审查绿色建造策划实施专项方案或专篇中绿色建造施工目标制定的符合性，“四节一环保”措施、绿色施工信息化管理以及“新技术、新工艺、新流程、新材料、新装备”应用的可行性。

（4）对绿色施工技术措施实施过程进行监督检查，对绿色施工指标完成情况进行确认。

5.2.2 “四节一环保”

1.“四节”要求

按照循环经济减量化、再利用、再循环的原则，各类资源高效利用，实施节水、节材、节地、节能。

（1）节水：施工现场实行用水计量管理，严格控制施工阶段用水量；生产、生活用水必须使用节水型生活用水器具，在水源处应设置明显的节约用水标识，减少水资源浪费；建立可再利用水收集和节水系统，提高施工及生活用水使用效率；采取地下水资源保护措施，对新开工的工程限制进行施工降水。

（2）节材：优化施工方案，选用绿色材料，积极推广新材料、新工艺，促进材料的合理使用，节省实际施工材料消耗量；根据施工进度、材料周转时间、库存情况等制订采购计划，并合理确定采购数量，避免采购过多，造成积压或浪费；科学有效制定施工全过程垃圾减量化措施，垃圾采取分类收集、定期清运、动态管理，及时收集物料包装物，生活、办公用品循环利用。

（3）节地：施工总平面布置图应优化土地利用，减少土地资源的占用，充分利用原有建筑物、道路、管线等为施工服务，并按照转序进度更新施工总平面布置图；积极采用永临结合施工方式，临时设施的占地面积应按用地指标所需的最低面积设计，尽可能减少废弃地和死角，占地面积有效利用率应大于 90%。

（4）节能：采用节能设计理念，优化建筑布局、朝向和形态，选择有助于节能的保温材料和高效设备；合理利用自然光和自然通风等资源，采用 LED 照明、传感器控制和智能照明系统，以减少能源浪费；开展施工现场太阳能等清洁能源利用研究，充分利用可再生能源。

2. 环保要求

建立污染源立体化防控体系，积极应用噪声控制、光污染处理、污水处理、施工扬尘控制、有毒有害废弃物处理等新技术，推进环境保护措施落实。

（1）噪声控制：降低噪声污染水平，施工中的固定噪声源远离噪声敏感建筑，有效利用自然声屏障，主动应用声屏障措施，屏蔽一部分噪声传播；合理安排施工程序，尽量避免夜间施工，尤其要避免将需要大型高噪声机械设备的项目安排在夜间；规范施工行为，通过规范进行操作避免不必要的施工工人的呼喊声、车辆鸣笛声、材料的碰撞声；采用先进施工机械及先进施工技术，施工机械定期保养，从源头降低施工工器具和施工工艺产生的噪声。

（2）光污染处理：施工单位应合理安排作业时间，尽量避免夜间施工；必要时的夜间施工，应合理调整灯光照射方向，在保证现场施工作业面有足够光照的条件下，减少对周围居民生活的干扰；在高处进行电焊作业时应采取遮挡措施，避免电弧光外泄。

（3）污水处理：建立完善的污水处理设施的监测系统，定期对污水处理效果进行监测和评估，及时进行设备维护和保养，确保处理设施的正常运行；建立合理的污水收集系统，包括沉淀池、集水井等设施，确保污水能够有效地被收集和输送到处理设施。

（4）施工扬尘控制：建立扬尘监测系统，对施工现场的扬尘浓度进行实时监测，记录扬尘控制措施的实施情况，做好相关数据的统计和分析，及时发现问题并采取措施加以调整；对于土地开挖、土方填筑和露天堆放等工程，采取覆盖和湿化措施，覆盖可使用防尘网、防风网、木板、塑料薄膜等材料，有效阻挡土壤颗粒的扬尘；施工现场定时使用水雾喷洒等方式，保持施工过程中土地或材料的湿润状态，降低扬尘飞散。

（5）有毒有害废弃物处理：采用合理的工艺设计和优化施工计划，尽可能减少废弃物的产出量；根据废弃物的性质和危害程度，将其进行分类和标识，确保废弃物得到正确的处理；建立有毒有害废弃物的监测机制，定期对废弃物的生成、处理和处置过程进行监测和检测，确保废弃物管理措施的有效性；及时上报废弃物的情况，并按照相关要求填报废弃物的处置记录和报告。

（6）水土保持措施：优化深基坑施工方案，生土、熟土分开堆放；采用高空索道削减临时道路；落实“山水林田湖草”生态环境保护措施，及时复垦复绿，实现电网工程与自然和谐共生。

5.2.3 职业健康安全

（1）施工现场应在易产生职业病危害的作业岗位和设备、场所设置警示标识或警示说明。

（2）根据各工种的作业条件和劳动环境等为作业人员配备安全有效的劳动防护用品，并应及时开展劳动防护用品的使用培训。

（3）对从事放射性、高毒、高危粉尘等方面的作业人员，建立、健全职业卫生档案和健康监护档案，定期提供医疗咨询和服务。

（4）深井、地下隧道、管道施工、地下室防腐、防水作业等不能保证良好自然通风的作业区，应配备强制通风设施。操作人员在有毒有害气体作业场所应戴防毒面具或防护口罩。

（5）在粉尘作业场所，应采取喷淋等设施降低粉尘浓度，操作人员应佩戴防尘口罩；焊接作业时，操作人员应佩戴防护面罩、护目镜及手套等个人防护用品。

（6）现场饮用水、厨房、盥洗设施、厕所等应符合卫生标准，公共区域和生活区应定期消毒，注重环境卫生及职业健康提升。

5.2.4 机械化施工

（1）在工程项目初期，应进行机械化施工的可行性研究，评估机械设备的需求、成本和效益，鼓励对传统施工工艺进行绿色化升级革新，根据项目的规模、地形、工期等因素，制订合适数量和类型的机械设备配置方案。

（2）设计单位需要充分考虑机械化施工要求，确保施工图纸和技术规范符合机械设备的操作特点和场地限制，应积极应用国家电网有限公司创新工法成果，提高机械化水平，提升建设效率，降低对资源、环境的影响。

（3）施工单位应建立施工机械设备数据库，对施工机械和设备进行节能、减排和降耗指标分析和比较。

（4）在引进新技术和设备时，务必确保其符合当地的环保规定，对于不符合环保要求的技术和设备，要严禁其应用于施工现场。

（5）制定机械设备管理制度，强化机械设备的进场、安装、使用、维护保养、拆除及退场管理，减少过程中的设备损耗。

（6）明确责任和权限，加强对操作人员的培训和管理，提高施工过程中机械设备的安全性和效率。

（7）加强对施工机械设备的定期检测和维修，确保设备运行状态良好，降低故障率和维修成本。

（8）加强设计、施工协同，遵循“标准化设计、工厂化加工、模块化建设、机械化施工”理念，提升智能电网工程建设能力、施工机械化水平，降低人工投入和作业风险，提升工程建设质量、效率。

5.2.5　智能化施工

（1）全面提升智能管理水平，依托基建数字化平台质量管理模块，进行施工情况实时监控、统计分析，并自动生成相应的报表和图表，以有效地提高管理效率，实现管理业务线上流转办理，逐步取消各类线下资料报送。

（2）引入物联网技术，通过传感器、监控摄像头等设备采集现场环境数据，实时监控施工进度、安全、资源消耗等方面的情况，利用物联网设备对施工现场和设备进行远程控制，提升智能管控水平。

（3）引入人工智能技术进行数据分析、决策支持，提高施工过程的效率和精度，借助自动化设备进行部分施工任务，全面推广 GIS 设备安装智能监控系统、交接试验智能管控系统、设备安装远程监控系统等关键环节智能化管控手段，减少人工作业，提高施工速度和质量。

（4）设计单位提供建筑信息模型（BIM），施工单位结合模型科学规划总平面布置，制定最优施工工序，减少夜间施工，优化冬期施工。

5.3　技　术　要　点

5.3.1　施工场地及临时设施

1. 施工总平面布置

（1）施工总平面设计时，应针对施工场地、环境条件进行分析，科学布置施工现场，合理规划临时用地，尽可能节约用地，减少地面硬化。

（2）应根据施工各阶段的特点和要求，绘制不同阶段的施工总平面布置图，实行动态管理。

（3）不宜占用绿地、耕地及规划红线以外场地。

（4）应充分利用场地及周边现有和拟建建筑物、构筑物、道路和管线等。

（5）应充分了解场区及周边的文物古迹、古树名木及所发现的地下文物资源分布情况，制定相应避让保护措施，并报请相关方批准。

（6）在满足施工需要的前提下，尽量减少施工用地，施工中应减少场地干扰，保护环境。

（7）应合理布置起重机械和各项施工设施，统筹规划施工道路。

（8）应合理划分施工分区和流水段，减少专业工种之间交叉作业。

（9）施工现场施工区、办公区和生活区应实现相对隔离，生活设施应远离有毒有害物质。

（10）施工现场应针对不同的污、废水特点，设置沉淀池、隔油池、化粪池等处理设施。鼓励设置废水回收装置，对废水循环利用。

（11）施工现场作业棚、库房、材料堆场等布置宜靠近交通线路和主要用料部位。

（12）现场道路和材料堆放场地周边应设排水沟并通畅，做到雨污分流。

（13）施工现场的强噪声机械设备宜远离噪声敏感区，宜设置在远离居民区的一侧，并应采取隔声、吸声材料搭设防护棚或屏障，可配备噪声监测仪器，及时掌握、调整施工现场噪声情况。

（14）应在醒目位置设明显的环境保护标识。

（15）在需要复耕或植被恢复的受扰动区域和拆迁迹地，应结合原始地貌及时进行土地整治。

2. 场区围护及道路

（1）临建场地大门、围挡和围墙宜采用可重复利用的材料和部件，并应工具化、标准化。

（2）施工现场应在入口设置绿色施工制度图牌，内容应涵盖“四节一环保”。

（3）施工现场道路布置应遵循永久道路和临时道路相结合的原则，宜利用拟建道路路基作为临时道路路基，施工现场的主要道路应进行硬化处理。

（4）施工现场临时道路的硬化处理宜采用再生材料或可周转使用的材料和构件。

（5）施工现场围墙、大门和施工道路周边等空闲地宜设绿化隔离带，兼顾永临结合，裸露的场地和堆放的土方应采取覆盖、固化或绿化等措施。

（6）施工现场喷洒路面、绿化浇灌优先使用非饮用水。

3. 临时设施

（1）施工现场应根据工程建设规模和实际情况设置办公室、宿舍、食堂、厕所、盥洗设施、淋浴房、文体活动室等临时设施。文体活动室应配备文体活动设施和用品。尚未竣工的建筑物内严禁设置宿舍。

（2）临时设施的设计、布置和使用，应采取有效的节能降耗措施，应利用场地自然条件；临时建筑的体形宜规整，应有自然通风和采光，并应满足节能要求；临时设施宜选用由高效保温、隔热、防火材料制成的复合墙体和屋面，以及密封保温隔热性能好的门窗；临时设施建设不宜使用一次性墙体材料，应推广使用模块化、装配式临设体系，提高施工临时设施和周转材料的工业化程度和周转次数；临时设施安全防护应定型化、工具化、标准化、可拆迁。积极应用工具式定型化临时设施技术，包括定型化临边洞口防护、加工棚、预制装配式马道、可重复使用临时道路板等。

（3）办公和生活临时用房应采用可重复利用的房屋，鼓励采用预制舱式建筑。寒冷地区外门应采取防寒措施，彩钢板活动房严禁使用炉火或明火取暖。夏季炎热地区的外窗宜设置外遮阳，宿舍内应有防暑降温措施。

（4）办公区和生活区应设专职或兼职保洁员，并采取消杀、灭鼠、灭蚊蝇、灭蟑螂等防疫措施。当施工现场遇突发疫情时，应及时上报，并应按卫生防疫部门相关规定进行处理。

（5）施工现场应配备常用药及绷带、止血带、担架等急救器材。

（6）宜通过工地环境监测设施等信息化手段监测并分析施工现场扬尘、噪声、光、污水、有害气体等各类污染物，并采取相关措施控制污染物。

（7）宜建立雨水或其他可利用水资源的收集利用系统。施工现场办公区、生活区的生活用水应采用节水器具，并应设置节水标识，施工现场生产生活用水用电等资源的消耗应进行计量管理。500kV 及以上电网建设项目施工现场宜采用海绵技术对雨水进行收集处理。

（8）食堂、盥洗室、淋浴间的下水管线应设置过滤网，食堂应另设隔油池。食堂的炊具、餐具和公用饮水器具应及时清洗定期消毒。

（9）施工现场应设置水冲式或移动式厕所，厕所地面应硬化，门窗应齐全并通风良好。厕位宜设置门及隔板，高度不应小于 0.9m。厕所面积应根据施工人员数量设置，并设专人定期清扫、消毒。固定厕所应设化粪池，并进行防渗漏处理。

（10）现场材料应堆放有序，细散颗粒材料、易扬尘材料应封闭堆放、存储和运输，材料堆放区应满足材料储存及质量保证的要求。

（11）施工现场宜搭设封闭式垃圾站。应对建筑垃圾、有毒有害固体废弃物、生活垃圾等进行分类收集、合法处理，建筑垃圾运输必须采用封闭式运输车辆或采取覆盖措施。

（12）变电站施工现场出口应设冲洗池，施工场地、道路应采取定期洒水抑尘措施。

（13）施工现场宜使用清洁能源，推广使用太阳能热水、空气能热水应用技术，用于施工现场办公、生活区临时热水供应。

（14）施工现场应设乙炔、氧气、油漆、防腐剂等危险品、化学品专用库房或实施有效隔离，危险品专用库房应使用不燃材料搭建，并与施工作业区、生产加工区、办公区、生活区、临时休息棚、值班棚保持安全距离，危险品存放处应设置明显的安全警示标志，存放油料和化学溶剂等物品的专用存放仓库地面应进行防渗漏处理。

4. 临时用电

（1）临时用电宜采用节能变压器，应合理布置临时用电线路，减少电缆布置长度。应选用节能器具，合理采用声控、光控和节能灯具；照明照度在满足现场安全施工等要求的前提下，宜按最低照度设计。

（2）应结合工程所在地地域特征，积极利用太阳能、地热能、风能等适宜的可再生能源。鼓励应用施工现场太阳能光伏发电照明技术，用于路灯、加工棚照明、办公区廊灯、食堂照明、卫生间照明等施工现场临时照明。

（3）施工现场宜错峰用电。施工机具设备宜采用变频电机设备等节电设备，用电设备宜采用自动控制装置。

（4）施工区、办公区、生活区等区域的照明不得采用白炽灯、碘钨灯、卤素灯等非节能光源。

（5）施工区、办公区、生活区应分区供电计量，大型设备应一机一表。

（6）办公区域、加工区域、施工现场待工作完毕或因故离开时，应及时断电。

5.3.2　变电土建施工

1. 地基与基础工程

（1）土石方工程应符合以下要求：

1）土石方工程开挖前应进行挖、填方的平衡计算，在土石方场内有效利用、运距最短和工序衔接紧密。施工过程中应选择合适的余土（石、渣）平摊位置，必要时先设置挡护设施后进行平摊；不具备平摊条件的，应考虑外运综合利用或设置弃渣场等方式合理处置。

2）土石方工程开挖应按绿色施工要求进行分析，制订定合理的土方处理方案。施工中应采取通风和降温等改善地下工程作业条件的措施。针对余土（石、渣），应按照设计要求并结合现场实际，进行合理处置，禁止随意弃土弃渣。

3）针对土石方开挖对表层土壤破坏区域，应对表层土壤进行剥离或隔离保护，剥离的表土应单独集中存放，并采取临时拦挡、苫盖、排水等防护措施。

4）在受污染的场地进行施工时，应对土质进行专项检测和治理。当环境空气质量指数达到中度及以上污染时，施工现场应增加洒水或喷雾频次，加强覆盖措施，减少易造成大气污染的施工作业。

5）土石方工程爆破施工前，应进行爆破方案的编制和评审；应采取防尘和飞石控制措施。4 级风以上天气，严禁土石方工程爆破施工作业。

6）现场土、料存放应采取加盖或植被覆盖措施。

7）土方、渣土装卸车和运输车应有防止遗撒和扬尘的措施；对施工过程产生的泥浆应设置专门的泥浆池或泥浆罐车存储。

（2）桩基工程应符合以下要求：

1）成桩工艺应根据工程设计文件要求，结合当地实际情况进行选择。桩基施工应选用低噪、环保、节能、高效的机械设备和工艺。

2）混凝土灌注桩采用泥浆护壁成孔时，应采取导流沟和泥浆池等排浆及储浆措施防止泥浆外溢。

3）施工现场应设置专用泥浆池，并及时清理沉淀的废渣；鼓励应用泥浆固结等新技术。

4）有组织收集泥浆等废水，废水不得直接排入农田、池塘、城市雨污水管网，宜经沉淀池沉淀后回收利用。

5）对于孔内空气污染物超标、机械成孔设备可以达到的区域和地下水丰富、流沙等不良地质条件的区域不得使用人工挖孔成桩工艺。当特殊情况必须采用时，应采取护壁、通风和防坠落措施。

6）在城区或人口密集地区施工混凝土预制桩和钢桩时，宜采用静压沉桩工艺。

7）工程桩桩顶剔除部分的再生利用应符合 GB/T 50743《工程施工废弃物再生利用技术规范》的规定。

（3）地基处理工程应符合以下要求：

1）回填土施工应采取防止扬尘的措施，4 级风以上天气严禁回填土施工。

2）施工间歇时应对回填土进行覆盖；当采用砂石料作为回填材料时，宜采用振动碾压；灰土过筛施工应采取避风措施；开挖原土的土质不适宜回填时，应采取土质改良措施后加以利用；强夯法施工不宜使用在城区或人口密集地区；高压喷射注浆法施工的浆液应有专用容器存放，置换出的废浆应收集清理；采用砂石回填时，砂石填充料应保持湿润，并及时清理；

基坑支护结构采用锚杆（锚索）时，宜采用可拆式锚杆；喷射混凝土施工宜采用湿喷或水泥裹砂喷射工艺，并采取防尘措施。

3）喷射混凝土作业区的粉尘浓度不应大于 $10mg/m^3$，喷射混凝土作业人员应佩戴防尘用具。

(4) 地下水控制基坑降水宜采用基坑封闭降水方法；基坑施工排出的地下水应加以利用；采用井点降水施工时，地下水位与作业面高差宜控制在 250mm 以内，并应根据施工进度进行水位自动控制；当无法采用基坑封闭降水，且基坑抽水对周围环境可能造成不良影响时，应采用对地下水无污染的回灌方法；废弃的降水井应及时回填，并应封闭井口，防止污染地下水。

2. 主体结构工程

（1）主体结构工程施工应符合下列基本规定：

1）积极应用预制构件工厂化生产加工技术，实现精准下料、精细管理，降低建筑材料损耗率；构件的存放和运输应采取防止变形和损坏的措施；构件的加工和进场顺序应与现场安装顺序一致，不宜二次倒运。

2）主体结构施工应统筹安排垂直和水平运输机械，塔吊等垂直运输设施基座宜采用可重复利用的装配式基座或利用在建工程的结构。

3）施工现场宜采用预拌混凝土和预拌砂浆。现场搅拌混凝土和砂浆时，宜使用散装水泥；搅拌机棚应有封闭降噪和防尘措施，水泥和其他易飞扬的细颗粒建筑材料应密闭存放或采取覆盖等措施。

4）装配式混凝土结构安装所需的埋件和连接件以及室内外装饰装修所需的连接件，应在工厂制作时准确预留、预埋。

5）钢混组合结构中的钢结构构件，应结合配筋情况，在深化设计时，确定与钢筋的连接方式。钢筋连接、套筒焊接、钢筋连接板焊接及预留孔应在工厂加工时完成。严禁安装时随意割孔或后焊接。

（2）钢筋工程应符合以下要求：

1）钢筋宜采用专用软件优化放样下料，根据优化配料结果确定进场钢筋的定尺长度；在满足相关规范要求的前提下，合理利用短筋。

2）鼓励采用建筑用成型钢筋制品加工与配送技术，实现精准下料、精细管理，降低建筑材料损耗率。钢筋现场加工时，宜采取集中加工方式。

3）受力钢筋优先选用高强钢筋，减小用钢量。混凝土结构中梁、柱纵向受力普通钢筋应采用不低于 400MPa 级的热轧带肋钢筋。钢筋连接宜采用机械连接方式。

4）进场钢筋原材料和加工半成品应存放有序、标识清晰、储存环境适宜，采取防潮、防污染等措施，建立健全保管制度。

5）施工缝和后浇带应采取钢筋防锈或阻锈等保护措施。钢筋除锈时，应采取避免扬尘和防止土壤污染的措施。

6）钢筋加工产生的粉末状废料，应收集和处理，不得随意掩埋或丢弃。

7）钢筋安装时，绑扎丝、焊剂等材料应妥善保管和使用，散落的余废料应收集利用。

8）箍筋宜采用一笔箍或焊接封闭箍。

（3）模板工程应符合以下要求：

1）模板选用应以节约自然资源为原则，应选用周转率高的模板和支撑体系。模板宜选用可回收利用高的塑料、钢、铝合金等材料。鼓励应用组合铝合金模板、组合式带肋塑料模板施工技术。

2）宜使用大模板、定型模板和早拆模板等工业化模板及支撑体系。鼓励使用工具式定型模板，增加模板周转次数。

3）当采用木或竹制模板时，宜采取工厂化定型加工、现场安装的方式，不得在工作面上直接加工拼装。在现场加工时，应设封闭场所集中加工，并采取隔声和防粉尘污染措施。

4）脚手架和模板支撑宜选用承插式、碗扣式、盘扣式等管件合一的脚手架材料搭设，禁止采用竹（木）材料搭设脚手架。门式钢管支撑架不得用于搭设满堂承重支撑架体系。推广使用销键型脚手架及支撑架、电动桥式脚手架等模板脚手架技术。

5）模板及脚手架施工应回收散落的铁钉、铁丝、扣件、螺栓等材料。

6）短木方应叉接接长，木、竹胶合板的边角余料应拼接并利用。

7）模板脱模剂应选用环保型产品，并派专人保管和涂刷，剩余部分应加以利用。脱模剂应对模具无腐蚀作用，且不影响模具的后续使用，禁止采用废机油作为模板脱模剂。

8）模板拆除宜按支设的逆向顺序进行，不得硬撬或重砸。拆除平台楼层的底模，应采取临时支撑、支垫等防止模板坠落和损坏的措施，并应建立维护维修制度。

（4）混凝土工程应符合以下要求：

1）在混凝土配合比设计时，宜减少水泥用量，增加工业废料、矿山废渣的掺量；当混凝土中添加粉煤灰时，宜利用其后期强度。

2）混凝土浇筑前，应清除模板内或垫层上的杂物，表面干燥的地基、垫层、模板上应洒水湿润。现场环境温度高于35℃时，宜对金属模板进行洒水降温，洒水后不得留有积水。

3）混凝土宜采用泵送、布料机布料浇筑；地下大体积混凝土宜采用溜槽或串筒浇筑。

4）混凝土振捣应采用低噪声振捣设备，也可采取围挡等降噪措施；在噪声敏感环境或钢筋密集时，宜采用自密实混凝土。

5）混凝土宜采用塑料薄膜加保温材料覆盖保湿、保温养护；当采用洒水或喷雾养护时，宜在混凝土裸露表面覆盖麻袋或草帘后进行洒水或喷雾养护，回收的基坑降水或雨水用于养护用水时应满足规范要求，当日最低温度低于 5℃时不应采用洒水养护；混凝土竖向构件宜采用养护剂进行养护。

6）混凝土结构宜采用清水混凝土，其表面宜涂刷保护剂。

7）混凝土浇筑余料应制成小型预制件，或采用其他措施加以利用，不得随意倾倒。

8）混凝土浇筑后，应清洗输送泵和输送管。清洗泵送设备和管道的污水应经沉淀后回收利用，浆料分离后可作室外道路、地面等垫层的回填材料。

9）混凝土路面变形缝切割作业时，应采取有效防扬尘措施。

（5）砌体结构工程应符合以下要求：

1）砌体结构宜采用工业废料或废渣制作的砌块。

2）砌块运输宜采用托板整体包装，现场应减少二次搬运。

3）砌块湿润和砌体养护宜使用非自来水源。混凝土多孔砖及混凝土实心砖不需浇水湿润，但在气候干燥炎热的情况下宜在砌筑前对其喷水湿润。

4）混合砂浆掺和料可使用粉煤灰等工业废料。

5）砌筑施工时，落地灰应随即清理、收集和再利用。

6）砌体结构工程使用的湿拌砂浆，除直接使用外必须储存在不吸水的专用容器内，并根据气候条件采取遮阳、保湿、防雨雪等措施，砂浆在储存过程中严禁随意加水。

7）砌块应按组砌图砌筑；非标准砌块应在工厂加工按计划进场，现场切割时应集中加工，并采取防尘降噪措施。

8）毛石砌体砌筑时产生的碎石块，应用于填充毛石块间空隙，不得随意丢弃。砌筑前应将石材表面的泥垢、水锈等杂质清除干净。

（6）钢结构工程应符合以下要求：

1）钢结构安装连接宜选用高强螺栓连接，钢结构宜采用金属涂层进行防腐处理。

2）钢结构深化设计时，应结合加工、运输、安装方案和焊接工艺要求，确定分段、分节数量和位置，优化节点构造，减少钢材用量。

3）钢结构加工应制订废料减量计划，优化下料，综合利用余料，废料应分类收集、集中堆放、定期回收处理。

4）钢材、零（部）件、成品、半成品件和标准件等应堆放在平整、干燥场地或仓库内。钢材堆放应减少钢材的变形和锈蚀，并应放置垫木或垫块。

5）钢结构现场涂料应采用无污染、耐候性好的材料。防火涂料喷涂施工时，应采取防止涂料外泄的专项措施。

6）遇雨、雾、雪、强风天气时应停止露天涂装，并避免在强烈阳光照射下施工；涂装后 4h 内应采取保护措施，避免淋雨和沙尘侵袭；风力超过 5 级时，室外不宜喷涂作业。

3. 装饰装修工程

（1）装饰装修工程在施工前，块材、板材和卷材应进行排版优化设计；门窗、块材、板材宜采用工厂化加工；装饰用砂浆宜采用预拌砂浆；落地灰应回收使用；装饰装修成品、半成品应采取保护措施，防止污染和损坏；材料的包装物应分类回收；不得采用沥青类、煤焦油类等材料作为室内防腐、防潮处理剂；应制定材料使用的减量计划，材料损耗不宜超出定额预算损耗率 70%；施工单位应采取有效措施控制施工现场的各种粉尘、废气、废弃物、噪声、振动等对周围环境造成的污染和危害；室内装饰装修材料应按 GB 50325《民用建筑工程室内环境污染控制标准》的要求进行甲醛、氨、挥发性有机化合物和放射性等有害指标的检测。

（2）地面工程应符合以下要求：

1）地面基层粉尘清理宜采用吸尘器，没有防潮要求的，可采用洒水降尘等措施；基层需剔凿的，应采用低噪声的剔凿机具和剔凿方式。

2）地面找平层、隔汽层、隔声层厚度应控制在允许偏差的负值范围内；干作业应有防尘措施；湿作业应采用喷洒方式保湿养护。

3）水磨石地面施工应对地面洞口、管线口进行封堵，墙面应采取防污染措施；采取水泥浆收集处理措施，其他饰面层的施工宜在水磨石地面完成后进行；现制水磨石地面应采取控制污水和噪声的措施。

4）施工现场切割地面块材时，应采取降噪措施；污水应集中收集处理。

5）地面养护期内不得上人或堆物，地面养护用水，应采用喷洒方式，严禁养护用水溢流；对地面成品、半成品应采取保护措施。

（3）门窗工程中外窗宜采用断桥型材、镀膜中空玻璃等节能产品；木制、塑钢、金属门窗应采取成品保护措施；木门窗应采用烘干的木材，其防火、防腐、防虫处理应符合设计要求；外门窗安装应与外墙面装修同步进行，门窗扇密封条和玻璃镶嵌的密封条安装位置应正确，镶嵌牢固，不得脱槽。密封条接头处不得开裂，关闭门窗时密封条应接触严密；外门窗框或附框与洞口之间的间隙应采用弹性闭孔材料填充饱满，并进行防水密封，寒冷地区的外门应按照设计要求采取保温、密封等节能措施。

（4）吊顶工程施工中应减少板材、型材的切割；避免采用温湿度敏感材料进行大面积吊顶施工；木龙骨和木面板应进行防火处理，埋件、钢筋吊杆和型钢吊杆应进行防腐处理；高大空间的整体顶棚施工，宜采用地面拼装、整体提升就位的方式；高大空间吊顶施工时，宜采用可移动式操作平台等节能节材设施。

（5）隔墙及内墙面工程中材料宜采用轻质砌块或轻质墙板，严禁采用实心烧结黏土砖；预制板或轻质隔墙板间的填塞材料应采用弹性或微膨胀的材料；隔墙应满足隔音要求，防火分区隔断墙应满足防火要求；轻质隔墙工程应对人造木板的甲醛释放量进行复验，木龙骨应进行防火和防腐处理；抹灰墙面宜采用喷雾方法进行养护；使用溶剂型腻子找平或直接涂刷溶剂型涂料时，混凝土或抹灰基层含水率不得大于 8%；使用乳液型腻子找平或直接涂刷乳液型涂料时，混凝土或抹灰基层含水率不得大于 10%。木材基层的含水率不得大于 12%；涂料施工应采取遮挡、防止挥发和劳动保护等措施。

4. 保温和防水工程

（1）保温和防水工程施工应符合下列基本规定：

1）保温和防水工程施工时，应分别满足建筑节能和防水设计的要求，宜采用新材料、新技术和新工艺。

2）保温和防水材料及辅助用材的有害物质限量应符合有关标准规定。

3）板材、块材和卷材施工应结合保温和防水的工艺要求，进行预先排版。

4）保温和防水材料在运输、存放和使用时，应根据其性能采取防水、防潮和防火措施。

（2）保温工程应符合以下要求：

1）保温施工宜选用结构自保温、保温与装饰一体化、保温板兼作模板、全现浇混凝土外墙与保温一体化和管道保温一体化等方案。

2）保温工程禁止使用“浆料类外墙保温”和“膨胀珍珠岩、蛭石类屋面保温”做法。

3）铺设保温层的基层应平整、干燥和干净，屋面热桥部位处理应符合设计要求。

4）采用外保温材料的墙面和屋顶，不宜进行焊接、钻孔等施工作业。确需施工作业时，应采取防火保护措施，并应在施工完成后，及时对裸露的外保温材料进行防护处理。

5）应在外门窗安装、水暖及装饰工程需要的管卡、挂件、电气工程的暗管、接线盒及穿线等施工完成后，进行内保温施工。

6）保温施工应采取措施减少对环境的污染，保温施工产生的废弃物应及时清理并合法处置。屋面保温隔热层施工完成后，应及时进行后续施工或加以覆盖。

7）现浇泡沫混凝土保温层施工时水泥、集料、掺合料等宜工厂干拌、封闭运输；泡沫混凝土宜泵送浇筑；搅拌和泵送设备及管道等冲洗水应收集处理；养护应采用覆盖、喷洒等节水方式。

8）保温砂浆施工材料宜采用预拌砂浆；现场拌和应随用随拌；落地灰应收集利用。

9）玻璃棉、岩棉保温材料应封闭存放；玻璃棉、岩棉类保温材料裁切后的剩余材料应封闭包装、回收利用；雨天、4 级及以上大风天气不得进行室外作业；施工人员应配置劳保防护用具。

10）泡沫塑料类保温层施工聚苯乙烯泡沫塑料板应限额领料，充分利用保温边角料，余料应全部回收；现场喷涂硬泡聚氨酯时，应对作业面采取遮挡、防风和防护措施；现场喷涂硬泡聚氨酯时，环境温度宜为 10～40℃，空气相对湿度宜小于 80%，风力不宜大于 3 级；硬泡聚氨酯现场作业应预先计算使用量，随配随用；施工人员应配置劳保防护用具。

（3）防水工程应符合以下要求：

1）基层应坚实、平整、干净、干燥，基层清理应采取控制扬尘的措施。

2）卷材防水层施工宜采用自粘型防水卷材；采用热熔法施工时，应控制燃料泄漏，并控制易燃材料储存地点与作业点的间距；高温环境或封闭条件施工时，应采取措施加强通风；防水层不宜采用热粘法施工；采用的基层处理剂和胶粘剂应选用环保型材料，并封闭存放；防水卷材余料应回收处理。

3）涂膜防水层施工液态防水涂料和粉末状涂料应采用封闭容器存放，余料应及时回收；涂膜防水宜采用滚涂或涂刷工艺，当采用喷涂工艺时，应采取遮挡等防止污染的措施；室内卫生间涂膜防水层施工应有自然通风或临时通风设施；涂膜固化期内应采取保护措施。

4）块瓦屋面宜采用干挂法施工。

5）蓄水、淋水试验宜采用非自来水源，试验前应制定渗漏应急措施。

6）防水层应采取成品保护措施。

7）作业人员应配备必要的防毒、防烧（烫）伤等劳动防护用品和用具。

5. 机电安装工程

（1）机电安装工程施工应符合下列基本规定：

1）机电安装工程应推广工厂化制作。

2）机电安装工程施工前应对通风空调、给排水、强弱电、末端设施布置及装修等进行综合分析，并绘制综合管线图。

3）机电安装工程的临时设施应与工程总体部署统一考虑。

4）管线的预埋、预留应与土建及装修工程同步进行，不得现场临时剔凿。

5）除锈、防腐宜在工厂内完成，现场涂装时应采用无污染、耐候性好的材料。

6）机电安装工程应选用能效高的设备。

（2）管道工程应符合以下要求：

1）管道连接宜采用机械方式。

2）管道宜采用工厂化加工；采暖散热片组装应在工厂完成。

3）管材、管线、管件应做好防腐处理，保证耐久性。

4）设备安装产生的油污应及时清理。

5）饮用水管道应消毒处理，水质应检测合格。

6）管道试验及冲洗用水应有组织排放，处理后重复利用；污水管道、雨水管道试验及冲洗用水宜利用施工现场收集的雨水或中水。

（3）通风与空调工程应符合以下要求：

1）预制风管宜进行工厂化制作。下料时应先下大管料，再下小管料；先下长料，后下短料。

2）预制风管安装前应将内壁清扫干净，顶制风管连接宜采用机械连接方式。

3）砌筑墙体风道内壁抹灰表面应密闭、光滑、平整。

4）空调冷凝水管宜采用有组织排水，冷热水管穿楼板和穿墙处的绝热层应连续不间断，且绝热层与穿楼板和穿墙处的套管之间应用不燃材料填实，不得有间隙，套管两端应进行密封封堵。

（4）建筑电气工程应符合以下要求：

1）电线导管暗敷应做到线路路径最优。

2）应选用节能型电线、电缆和灯具等，并应进行节能测试。

3）预埋管线口应采取临时封堵措施。

4）线路连接宜采用免焊接头和机械压接方式。

5）不间断电源柜试运行时应进行噪声监测。

6）不间断电源安装应防止电池液泄漏，废旧电池应回收。

6. 拆除工程

（1）拆除工程施工应符合下列基本规定：

1）拆除工程应制订专项方案，并制订环境保护计划，选择对环境影响小的拆除工艺。

拆除方案应明确拆除的对象及其结构特点、拆除方法、安全措施、拆除物的回收利用方法等。

2）建筑物拆除过程应控制废水、废弃物、粉尘的产生和排放。

3）建筑物拆除应按规定进行公示。

4）建筑拆除物处理应符合充分利用、就近消纳的原则，并制订拆除垃圾处理方案。

5）拆除物应根据材料性质进行分类，并加以利用；剩余的废弃物应做无害化处理。

6）拆除的门窗、管材、电线、设备等材料应回收利用；拆除的钢筋和型材应经分拣后再生利用。

（2）拆除施工应符合以下要求：

1）拆除施工前，拆除方案应得到相关方批准；应对周边环境进行调查和记录，界定影响区域。

2）拆除工程应按建筑构配件的情况，确定保护性拆除或破坏性拆除。

3）拆除施工应依据实际情况，合理选择人工拆除、机械拆除、爆破拆除和静力破碎的方法。

4）拆除施工前，应制定应急预案。

5）拆除施工前，应制定防尘、抑尘或降尘措施；采取水淋法降尘时，应采取控制用水量和污水流淌的措施。

6）人工拆除前应制定安全防护和降尘措施。拆除管道及容器时，应查清残留物性质并采取相应安全措施，方可进行拆除施工。

7）应合理确定机械作业位置和拆除顺序，采取保护机械和人员安全的措施。

5.3.3　变电电气施工

1. 气体绝缘金属开关设备施工要求

（1）GIS 运到现场后应按原包装置于平整、无积水、无腐蚀性气体的场地，对有防雨要求的设备应有相应的防雨措施。

（2）GIS 安装应采用无尘化安装，施工区域的环境洁净度等级需达到 ISO 14644 标准，现场应配备风淋房、颗粒物检测仪、温湿度计、除湿器、空气净化器等，室外作业应搭建防尘室。

（3）组装 GIS 安装前，现场应设置六氟化硫气体检测报警装置，应检查风扇等通风装置能否正常使用。

（4）所有运输用临时防护罩在安装前应保持完好，不得取下，待安装结束后由厂家进行回收。

（5）设备吊装应使用尼龙吊带，现场施工人员严禁吸烟，设备内腔作业人员应着连体防尘服、佩戴口罩、手套。

（6）预充氮气的箱体应先经排氮，然后充干燥空气，箱体内空气中的氧气含量必须达到18%以上时，安装人员才允许进入内部进行检查或安装。

（7）抽真空、注气前，应对设备、气管、连接阀等进行检查，避免六氟化硫气体泄漏。

（8）六氟化硫气瓶的搬运和保管，应注意六氟化硫气瓶的安全帽、防振圈应齐全，安全帽应拧紧；气瓶应存放在防晒、防潮和通风良好的场所；六氟化硫气瓶应独立存放，不得与其他气瓶混放。

（9）现场安装时应配备气体回收装置。当气室已充有六氟化硫气体，且相关试验合格时，可直接补气。新建、扩建工程中需要回气时，应使用气体回收装置回收气体，严禁在现场直接排放六氟化硫气体，回收的气体应专门统一处理。

（10）安装结束后应进行六氟化硫气体检漏，发现泄漏的，应及时采取临时封堵，现场无法有效处理的，应迅速使用气体回收装置回收气体，并安排返厂检修。

（11）条件允许时，使用X光等无损检测方法对GIS内部进行检查，防止异物遗留。

2. 六氟化硫断路器施工要求

（1）六氟化硫断路器到达现场后应按原包装置于平整、无积水、无腐蚀性气体的场地，对有防雨要求的设备应有相应的防雨措施；到达现场后应对设备气体管道应进行重点防护，避免遭到腐蚀，致使六氟化硫气体泄漏。气体的管理以及抽真空、注气参照气体绝缘金属开关设备。

（2）六氟化硫断路器原则上不在现场进行解体，220kV及以上电压等级的罐式断路器原则上不在现场进行内检，如需进行现场解体及现场内检时，应按GB 50147《电气装置安装工程高压电器施工及验收规范》相应规定进行施工。

（3）六氟化硫断路器的安装，应在无风沙、无雨雪的天气下进行；灭弧室检查组装时，空气相对湿度应小于80%，并应采取防尘、防潮措施。

（4）安装结束后应进行六氟化硫气体检漏，发现泄漏的，应及时采取临时封堵措施，现场无法有效处理的，应迅速使用气体回收装置回收气体，并安排返厂检修。

3. 电力变压器、油浸式电抗器、油浸式互感器施工要求

（1）主变压器、油浸式电气设备施工安装中无污染物产生，油管路及连接部分无油渗漏现象，有控制环境污染的措施。

（2）绝缘油到场后应设置专门区域堆放，地面应设置严格的防油措施，做好防渗漏及收集和处理工作；严禁直接放置于草坪、土壤上，存放容器应为专用油罐，不应使用储放过其他油类或不清洁的容器。油罐应接地，严禁多个油罐串联接地。

（3）真空注油、热油循环、滤油前，应对设备、油管、连接阀等进行检查，避免工作中绝缘油的泄漏及杂质进入器身。滤油时，主变压器、滤油设备及油管路应进行接地，滤油工作应满足湿度小于80%。

（4）内检后，条件允许时使用无损检测方法对主变压器内部进行检查，防止异物遗留。

4. 母线施工要求

（1）母排、导线等焊接、切割应在材料加工区统一制作完成，同时采取遮挡焊接强光、焊烟净化等减少环境污染的措施。矩形母线不得进行热弯，制弯时应减少直角弯曲。

（2）软母线压接场地应有防止母线与地面刮擦的防护措施；管型母线焊接宜采用氩弧焊，应采用防风措施，焊接过程不得中断氩气保护；构架焊接、切割应具有防飞溅措施，焊渣等应及时清理。

5. 盘、柜、二次回路接线要求

（1）导线与电气元件间不宜采用焊接，宜采用螺栓连接、插接及压接等方式。

（2）设备内二次接线宜使用预制线或直接在场内完成装配。

6. 电缆敷设要求

（1）电缆敷设的路径应合理安排，在满足安全及使用要求的前提下，力求路径短、转弯少、交叉少、便于扩建。

（2）电缆、设备孔洞封堵堵料、电缆防火涂料应采用阻燃、无污染的绿色材料。

（3）高压电缆头安装环境温度应在 0℃以上，湿度小于 70%，周围环境清洁干燥，且应留存相应记录。

7. 电气试验

需外接试验套管时，GIS 耐压试验位置应选择在气室较小、方便回气的位置。

8. 起重设备

起重设备的选择应按起重量、起重需求确定，不宜超需求使用大吨位起重设备。

9. 施工材料堆放

施工材料堆放应设置临时堆放区，应按绿色建造策划、工程所在地相关政策确定相应绿色措施。

10. 设备部品部件运输

设备、部品部件运输车辆，物资单位应提前要求厂家进行登记备案，提供相应车辆绿色环保资料，符合相关国家规定的，予以上路。车辆进站前，应进行登记，并留存车辆绿色环保资料复印件。进入施工现场的车辆严禁鸣笛，装卸材料应轻拿轻放。

5.3.4 架空线路施工

1. 基础施工要求

（1）基础施工宜选用低噪、环保、节能、高效的起重机械、运输车辆、挖掘机、旋转挖机等机械化设备进行物料装卸、物料运输、场地平整、开挖或成孔、混凝土浇筑等各项施工作业。

（2）在高差较大且交通不便的山丘区域，针对植被保护，宜采用架空索道运输；在有一定高差地形、需要外运弃土（石、渣）且交通不便的区域，针对植被保护，宜采用溜槽清运。

（3）在水域或湿地区域，针对水生生态环境和水生动、植物保护，宜采取围堰或护筒施工，隔离施工活动区域与附近水体和水生动、植物。

（4）施工现场危险地段等处应设置醒目安全标志，密闭环境应设置检测报警、通风设施及应急设施，现场应有应急疏散、逃生标志、应急照明及消暑防寒设施。

（5）在满足施工需求的前提下，临时设施占地面积可按最低指标设计，有效使用临时设施用地，可采用标准索道运输减少因开辟马道对临时用地的占用和树木的砍伐；钢筋工程宜采用专业化生产的成型钢筋，钢筋加工时宜采用集中加工方式，以减少钢筋加工区域对临时区域的占用。

（6）土石方工程开挖前应进行开挖、填方的平衡计算，在土石方场内有效利用、运距最短和工序衔接紧密，土石方开挖生土与熟土应分开堆放；在易发生水土流失区域，针对土石方施工可能产生的水土流失，宜优化施工时段，避开降雨集中时段进行土石方开挖施工，并尽可能缩短工期，减少扰动时间；土石方的运输必须采用封闭式运输车辆或采取覆盖措施，不污损场内外道路；杆塔基础开挖土石方、材料、工器具应定置化放置并整齐有序，标识规范、铺垫隔离；回填土、砂子等散状颗粒物、运土坡道等宜采取密目网或苫布覆盖等措施以防止扬尘；采用畜力运输时，施工过程中及结束后均应及时拆除清理临时畜棚、草料、粪便。

（7）杆塔基础浇筑用料宜采用预拌混凝土；在确保线路基础设计强度的前提下，可适度添加工业废料、矿山废渣、添加粉煤灰等，以减少水泥用量；杆塔基础养护采用覆盖保水养护，节约施工用水；基础施工宜采用可重复利用钢模板；防腐施工应采取措施减少对环境的污染，防腐施工产生的废弃物应及时清理并合法处置。喷涂施工应采取防尘降噪隔声等措施。

2. 杆塔组立要求

（1）杆塔组立宜选用低噪、环保、节能、高效的起重机械、落地摇/平臂抱杆等机械化设备进行作业。

（2）杆塔施工，应减少临时施工占地，利用基础阶段临时占地，少增或不增临时占地；塔材、螺栓及工器具应定置化放置并整齐有序，标识规范、铺垫隔离。

（3）杆组立鼓励采用直升机及配套工具和推荐使用履带/轮胎式起重机等机械设备进行杆塔组立，减少因设置地锚拉线等对土地进行开挖的此类工序，最大限度减少对土地的扰动，以保护周边自然生态环境；采用抱杆组立铁塔时，优化施工地锚坑、拉线、控制绳布置、塔材堆放及组装，最大限度地减少农作物及植被的破坏。

3. 架线施工要求

（1）线路路径途经江、河、湖、海区域的，在施工组织设计或绿色建造实施策划方案中应明确保护江、河、湖、海生态环境的具体措施。

（2）架线施工积极应用机械化设备，选用低噪、环保、节能、高效的无人机、牵张机等设备进行导引绳牵引及导地线展放，减少对跨越物和导地线的损害，实现机械化施工，降低人力资源成本，提升施工效率。

（3）合理选择牵张场地，宜选用已经存在场地或租用线路走廊附近较为平坦的荒地，因地制宜地进行场地布置，避免大规模平整场地。牵张场临时占地区域宜铺垫钢板、彩条布、毡布、草垫、棕垫、木板等隔离表层土壤。

（4）针对架空输电线路放线对植被的损伤，宜采用不落地放线方式，减少放线通道开辟和树木砍伐。

（5）采用人工放线时，应提前优化放线路径，严格控制放线通道砍伐宽度，减少林木砍伐量，最大限度减少农作物损坏。

（6）导地线液压机等含油料的机械、设备下方宜铺设吸油毡布，防止油料跑、冒、滴、漏，隔离保护表层土壤。

（7）金具、绝缘子等附件及工期具应分类放置整齐，并做到标识规范、铺垫隔离。

（8）架线施工应合理优化放线施工段。严格按计算布线，减少导线损耗。通过调整导线标准定长，减少压接管损耗和短线头数量。跳线安装推广使用装配式安装技术，降低导线损耗。

5.3.5 电缆线路施工

1. 电缆土建工程施工要求

（1）地中埋设的电缆保护管应满足 GB 50217《电力工程电缆设计标准》关于抗压和耐环境腐蚀性的要求，防火或机械性要求高的场所宜采用钢管，并应采取涂漆、镀锌或包塑等适合环境耐久要求的防腐处理。

（2）电缆沟应满足 GB 50217《电力工程电缆设计标准》关于防止外部进水、渗水的要求，电缆沟底部低于地下水位、电缆沟与工业水管沟并行邻近时，宜加强电缆沟防水处理及电缆穿隔密封的防水构造措施。

（3）水泥、混凝土、钢材等主要建材在施工前宜做好材料的详细采购供应计划，避免造成浪费；同时应准确、及时地跟进材料的进场管理，减少材料二次搬运的时间与成本，并应实行限额领料。材料的采购、物控应充分利用物联网技术。

（4）电缆通道主体结构在具备运输条件的情况下尽量采用预拌混凝土。

（5）现场土方应统一策划和管理，优化施工方案，减少土方开挖和回填量，事先做好土方外运计划及永久弃土场地的选择。回填土宜采用现场开挖土，尽量做到土方平衡。基坑开挖原土的土质不适宜回填时，宜采取土质改良措施后加以利用。

（6）现场施工时应对基坑施工方案进行优化，减少土方开挖和回填量，最大限度地减少对土地的扰动；基坑开挖过程中应严格监测基坑渗漏水情况，避免周边环境水土流失，基坑施工排出的地下水宜加以利用。

（7）电力隧道工程的基坑降水和开挖施工可能会对周边建构筑物产生一定的影响，施工中应对邻近建构筑物严格监测，并采取相应的保护措施。

（8）工程桩的成桩工艺应参照 JGJ 94《建筑桩基技术规范》，根据桩的类型、使用功能、土层特性、地下水位、施工机械、施工环境、施工经验、制桩材料、供应条件等，按安全适用、经济合理的原则选择。

（9）电力隧道结构围护及基坑建造时须做好泥浆外运及环境保护工作，同时采取导流沟和泥浆池等排浆及储浆措施，避免泥浆外流。

（10）顶管、盾构隧道施工时，顶管、盾构始发井的土方外运、材料下井等垂直运输应尽量使用现场的门式起重机作业，减少汽车吊的使用频率。顶管、盾构隧道施工时应尽量采用机械设备进行施工。例如，渣土外运采用皮带机进行输送至土斗，盾构管片拼装应尽量采用气动扳手等。

（11）电力隧道顶管管节及盾构管片宜采取工厂化加工，制作时准确预留、预埋；管节、管片的存放和运输应采取防止变形和损坏的措施；管节、管片的加工和进场顺序应与现场安装顺序一致，不宜二次倒运。管节、管片等构件的选用应缩短运输距离，减少能源消耗；应采用耗能少的施工工艺；应合理安排施工工序和施工进度；应尽量减少冬季施工时间。

（12）基础和主体结构施工应统筹安排垂直和水平运输机械。对于施工中的盾构机、龙门吊等大型机械和耗能设备应定期监控利用情况。

（13）采用非开挖顶管、拉管施工工艺时，为避免由于泥浆流量太大，对周围环境造成影响，施工中要设置泥浆池并及时清理泥浆。

（14）抽出的泥浆应经沉淀后将沉淀物用抽泥车抽走，泥水经循环管路机械送至机头前方，由于部分泥浆会流失到土体中，应在顶进过程中应按需补充泥浆。在穿越河道时应放慢顶速，并严格控制注浆压力，防止贯通河床。

（15）采用非开挖顶管施工工艺时，穿墙止水装置安装前应将洞口的杂物全部剔除，止水装置上的防水胶圈应与管材的外径结合，以阻止地下水或泥沙倒进井内。顶管设备全部拆除后，应立即使用硬质材料将洞口封闭，特别是在雨季，应避免雨水从工作坑倒灌入管内。

（16）电缆隧道临时用电优先选用节能电线和节能灯具，节能灯具的工作电压不得大于24V。

（17）电力隧道内装饰装修材料应按 GB 50325《民用建筑工程室内环境污染控制标准》的要求进行甲醛、氨、挥发性有机化合物和放射性等有害指标的检测。

（18）施工现场宜采用施工全过程垃圾循环利用的方法措施，健全废材回收制度，减少垃圾的排放量。

2. 电缆机电安装

（1）支架和槽盒安装应符合以下要求：

1）电缆槽盒和防火隔板选用高阻燃无毒低烟模塑料的环保材质。

2）金属电缆之间应进行防腐处理，位于湿热、盐雾以及有化学腐蚀地区时，应根据设计要求做特殊的防腐处理。

3）电缆支架工厂化加工制作，镀锌工艺在工厂完成。接地防腐施工应采取措施，减少对环境的污染，防腐施工产生的废弃物应及时清理并合法处置。电线导管暗敷应做到线路最短。应选用节能型电线、电缆和灯具等，并应进行节能测试。

（2）排水工程应符合以下要求：

1）管道连接宜采用机械连接方式；

2）设备安装产生的油污应随即清理；

3）机电安装工程应采用低能耗的施工机械。

（3）通风工程应符合以下要求：

1）预制风管下料宜按先大管料、后小管料，先长料、后短料的顺序进行。

2）预制风管安装前应将内壁清扫干净。

3）预制风管连接宜采用机械连接方式。在风管穿过需要封闭的防火、防爆的墙体时，应设置预埋管或防护套管，风管与防护套管之间应用不燃且对人体无危害的柔性材料封堵。

（4）照明工程应符合以下要求：

1）电线导管暗敷应做到线路最短。

2）应选用节能型电线、电缆和灯具等，并应进行节能测试。

3）预埋管线口应采取临时封堵措施。

4）线路连接宜采用免焊接头和机械压接方式。

5）电气设备的试运行不得低于规定时间，且不应超过规定时间的1.5倍。

（5）管线的预埋预留应与土建及装修工程同步进行，不得现场临时剔凿。

3. 电缆敷设要求

（1）敷设前应按设计和实际路径计算每根电缆的长度，合理安排每盘电缆。中间接头位置应避免设置在井口下方、交叉路口、建筑物门口、与其他管线交叉处或通道狭窄处。

（2）敷设前电缆沟、隧道等处的施工临时设施、模板及建筑废料等应清理干净，施工道路及电缆沟排水应畅通，盖板应齐全。

（3）电缆盘展放位置的选择应考虑电缆敷设机具的能耗，使电缆从电缆盘引出到最终位置移动的距离最小，且满足电缆最小弯曲半径的要求。

（4）电缆运输宜采用电缆凹型运输车以解决城市道路限高问题，减少电缆运输过程中因绕路而产生的运输成本和时间。为便于管理、使用，电缆盘存放时应按电压等级、规格等分类存放。

（5）当电缆展放位置不固定、夜间施工、需要快速进场、转场和进行电缆回收工作时，宜选用液压展放车进行电缆的支撑和展放。当电缆展放位置为固定地点或敷设场地狭小不具备使用液压展放车的条件时，宜选用电缆盘支撑装置。

（6）充油电缆的压力油箱、油管、阀门和压力表应完好无损，所有管接头应无渗漏油。电缆终端瓷套在贮存时，应有防止受机械损伤的措施。电缆附件以及防火隔板、涂料、包带、堵料等防火材料，其贮存保管应严格按厂家的产品技术性能要求（包装、温度、时间、环境等）保管、存放，避免材料失效、报废。

（7）为避免电缆铝合金制托架与钢制支吊架间的电化学腐蚀，可在两者之间加装绝缘衬垫，衬垫宜利用电缆上剥离的塑料护套切割制作。

（8）电缆盖板起重吊装时，应合理安排吊机位置，充分利用土地资源，避免吊装作业在繁华路段、行人较多处进行。

（9）电缆敷设应减少人工敷设，应采用端头牵引加分布式电缆敷设机具的敷设方式，敷设机具可选用电缆输送机或电缆导轮。电缆敷设时，应专人指挥、信号统一，减少电缆输送机“倒车”（反向敷设）和“空走”（空载敷设）。

（10）电缆敷设过程应根据施工要求与实际情况决定输送机械的数量及位置，提高设备利用率。一般每隔 20～50m 布置一台电缆输送机，每隔 3～5m 布置一个滑车；同时合理布置总分控制电路，尽量减少总控开关数量，节约管理资源。

（11）电缆导管内敷设电缆时，管道内部应无积水，且应无杂物堵塞。穿电缆时，不得损伤护层，可采用无腐蚀性的润滑剂（粉）。

（12）敷设电缆合理保留裕度，以平衡接头制作所需长度及节约原料的需求。

（13）冬季电缆敷设环境温度低于 0℃时，敷设前应对电缆进行加热，加热地点的选择应靠近敷设地点，减少能源消耗，并在敷设过程中对电缆盘做好保温措施。

（14）制作接头前应先搭好临时工棚，工作平台牢固平整并可靠接地，便于清洁、防尘，高压电缆头安装环境温度应在 0℃以上，湿度小于 70%。工棚内设置专用垃圾桶，施工后的废弃带材、绝缘胶或其他杂物应分类堆放，集中处理。施工现场宜配备吸尘器，人员工作时佩戴口罩，减轻粉尘及废料的污染。电缆附件安装应有无尘化施工环境控制措施，安装环境温湿度及洁净度应达到相关标准作业要求。

（15）在室内、隧道内或林区等有防火要求的场所以及充油电缆施工现场进行电缆终端与接头制作，应备有足够的消防器材。

（16）大力发展电缆全过程机械化施工技术，积极推广使用电缆施工智能机、电缆自动化剥切刀等新型机械化装备。

（17）电缆中间接头及终端宜采用预制式以降低故障率，节约安装时间。

（18）对电缆绝缘主体进行打磨时应做好半导电颗粒的清理工作，减轻粉尘污染。

（19）电力隧道动火作业时需严格执行有限空间气体检测标准，并做好现场通风及人员防护工作。

（20）电缆 GIS 终端头完成耐压试验后，试验套管内的六氟化硫气体应专业回收。

（21）充油电缆终端和接头包绕附加绝缘时，不得完全关闭压力箱。制作中和真空处理时，从电缆中渗出的油应及时排除，不得寄存在瓷套或壳体内。

（22）施工完毕后应拆除施工电源，清理施工现场，施工垃圾分类存放，确保施工环境无污染，做到“工完料净场地清”。

5.4 典 型 案 例

5.4.1 工程节水

1. 现场少湿作业

（1）建筑物采用预制混凝土散水。散水构造做法如图 5.4-1 所示。为保证散水与建筑物协调美观，主控通信楼、继电器小室等较大建筑物散水宽度取 1000mm，其余小型建筑物散水宽度取 800mm。

采用预制混凝土散水，预计 220kV 变电站现场混凝土用量减少 937.38kg，现场用水减少 374.95kg；110kV 变电站现场混凝土用量减少 584.80kg，现场用水减少 233.92kg。

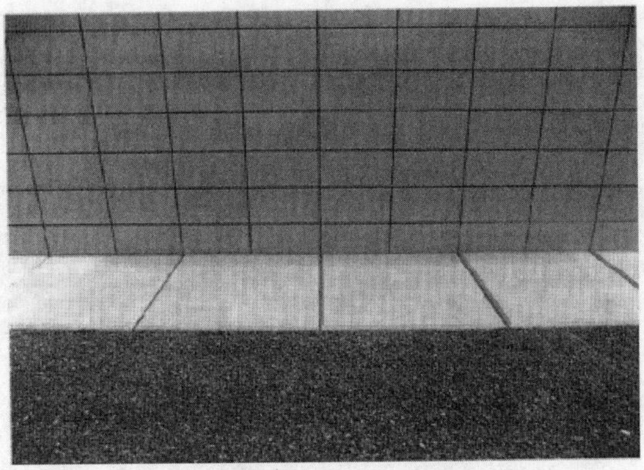

图 5.4-1　散水构造做法

（2）采用预制混凝土装配式雨水口。站内合理规划雨水口布置，雨水口采用预制混凝土装配式雨水口，统一尺寸。施工做法采用国家标准图集 16S518《雨水口》预制混凝土装配式雨水口做法。

采用预制混凝土装配式雨水口（见图 5.4-2），预计 220kV 变电站现场混凝土用量减少 127.84kg，现场用水减少 51.13kg。

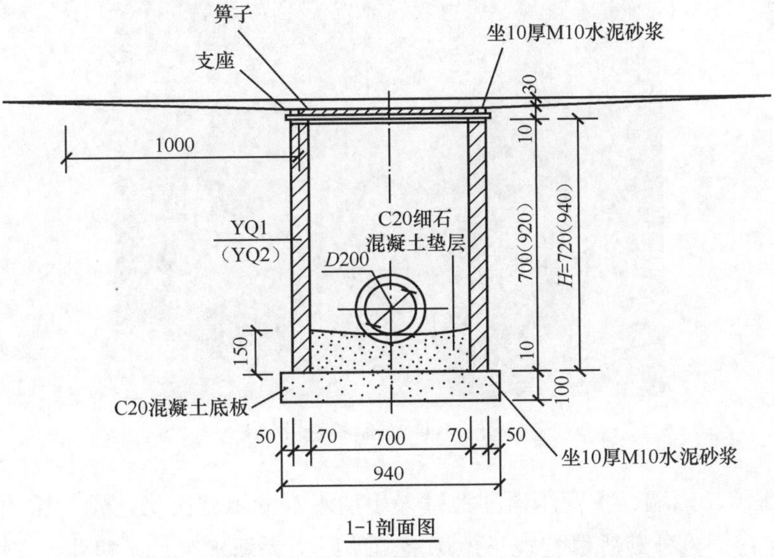

图 5.4-2　预制混凝土装配式雨水口

（3）户外照明灯具采用小型预制化灯杆基础。统一基础尺寸模数，基础底面尺寸采用 1000mm×1000mm 标准尺寸，工厂预制化加工。

采用小型预制化灯杆基础（见图 5.4-3），预计 220kV 变电站现场混凝土用量减少 258.75kg，现场用水减少 103.5kg；110kV 变电站现场混凝土用量减少 115kg，现场用水减少 46kg。

图 5.4-3　小型预制化灯杆基础

（4）采用检查井单元化预制。成品检查井（见图 5.4-4）操作便捷，闭水性能较好，有效防止污水渗漏，生产和使用过程中，均不会对环境造成污染，防止污染地下水。

采用检查井单元化预制，预计 220kV 变电站现场混凝土用量减少 161.69kg，现场用水减少 64.67kg；110kV 变电站现场混凝土用量减少 125.76kg，现场用水减少 50.30kg。

图 5.4-4　预制检查井

（5）预制压顶。围墙、主变压器油池壁采用清水混凝土施工工艺预制压顶，一次浇筑成型，倒角规范、统一，外观质量相较于现场浇筑的压顶表面平整，无扭曲、变形，色泽均匀，施工精度高。

采用预制围墙压顶（见图 5.4-5）、主变压器油池壁压顶，预计 220kV 变电站现场混凝土用量减少 477.23kg，现场用水减少 190.89kg；110kV 变电站现场混凝土用量减少 327.15kg，现场用水减少 130.86kg。

图 5.4-5　预制围墙压顶

（6）预制围墙、预制主变压器防火墙。变电站围墙、主变压器防火墙采用预制件，提高站区预制构件应用率，节约能源，绿色环保。

采用预制围墙（见图 5.4-6），预计 220kV 变电站现场混凝土用量减少 14943.6kg，现场用水减少 5977.42kg；110kV 变电站现场混凝土用量减少 10585.4kg，现场用水减少 4234.15kg。

采用预制主变压器防火墙，预计 220kV 变电站现场混凝土用量减少 2536.76kg，现场用水减少 1014.7kg；110kV 变电站现场混凝土用量减少 2134.61kg，现场用水减少 853.84kg。

图 5.4-6　预制围墙

（7）装配式消防棚。装配式消防棚高度集成拆装简单，有效控制建筑垃圾和扬尘，无需土方作业，且能有效控制水泥、干混砂浆等材料对环境的污染。

采用装配式消防棚（见图 5.4-7），预计 220kV 变电站现场混凝土用量减少 468.66kg，现场用水减少 187.46kg；110kV 变电站现场混凝土用量减少 468.66kg，现场用水减少 187.46kg。

图 5.4-7　装配式消防棚

（8）玻璃钢化粪池。玻璃钢化粪池采用独特的环向密集波纹结构，整体强度高；优化设计化粪池工作空间，提高空间利用率，体积缩小 20%以上。整体化生产相对传统做法严密性好，无裂缝、渗漏。

采用玻璃钢化粪池（见图 5.4-8），预计 220kV 变电站现场混凝土用量减少 123.75kg，现场用水减少 49.5kg；110kV 变电站现场混凝土用量减少 123.75kg，现场用水减少 49.5kg。

图 5.4-8　玻璃钢化粪池

2. 施工过程节水工艺

（1）混凝土养护覆膜工艺。在混凝土初凝之后终凝之前，人工进行混凝土养护薄膜的铺贴（见图 5.4-9），使混凝土养护薄膜和混凝土表面紧密结合，促进混凝土的水化效应，在混凝土养护过程中起到防裂保湿的显著作用。

图 5.4-9　混凝土养护覆膜

（2）混凝土养护喷淋工艺（见图 5.4-10）。采用小水慢淋的喷淋方式，可以使洒水初期的养护用水全部被覆盖物吸收，提升了养护效率和质量，减少了人工漫灌的水资源浪费。

图 5.4-10　混凝土养护喷淋工艺

（3）施工混凝土养护采用全自动控制设施系统。通过传感器实时监测覆盖物的湿润程度，配合自动喷淋装置，在混凝土湿透后及时停水，在不满足湿度要求时及时补水，达到精准节水、节约人工的效果。

3. 施工过程节水技术

（1）封闭降水技术。基坑封闭降水是指在坑底和基坑侧壁采用截水措施，在基坑周边形成止水帷幕，阻截基坑侧壁及基坑底面的地下水流入基坑，在基坑降水过程中对基坑以外地下水位不产生影响的降水方法。

（2）变电站雨水收集系统（见图 5.4-11）。在材料区、道路等场地附近设置排水沟，收集建筑物屋顶、道路等硬化地表汇集的自然降水，统一汇集至现场蓄水设施。

预计 220kV 变电站工程年度蓄水量 3157.44m^3，110kV 变电站工程年度蓄水量 1597.00m^3。

图 5.4-11　变电站雨水收集系统

（3）变电站水资源永临结合存储系统（见图 5.4-12）。优先利用施工现场排油管道、事故油池及挡油池，利用挡油池收集雨水，雨水经挡油池流入排油管道最终汇集于事故油池。

（4）变电站水资源净化系统。现场制作三级沉淀池（见图 5.4-13），通过水泵将事故油池内的雨水抽入三级沉淀池内沉降。利用净化后的雨水为混凝土自动化养护装置供水，水源接入雾炮机用于降尘及临建区厕所洁具冲洗。

图 5.4-12　水资源永临结合存储系统

图 5.4-13　三级沉淀池

5.4.2　工程降噪

1. 合理规划施工场地

（1）针对固定噪声源，如钢筋的加工、木工加工等，可以在工地布置的前期进行合理规划，使其远离周边的敏感建筑物。

（2）当施工场地位于道路周边时，将固定噪声源布置在相对吵闹的道路一侧。

（3）当施工场地周边有大量绿化时，布置在绿化带附近，利用树木的吸收作用减小噪声对绿化带后面建筑的影响。

（4）有效利用自然声屏障，当噪声源和噪声敏感区之间存在土丘、高差等地形时，布置在地面高度较低处，阻止或屏蔽一部分噪声传播；还可以规划前期土方开挖的体积，将待运输的土方堆积形成声波土墩，来阻隔噪声的传播；施工场地上的材料或零部件大量堆放的区域也可以起到一定的隔声作用，通过将其进行松散布置，来形成噪声的多次反射，达到减弱噪声的效果。

（5）当场地中有多栋待建建筑时，将固定噪声源设在建筑之间，使声源发出的噪声在特定的传播方向上受到阻碍，向上方传播的部分也会经过多次反射而减小。

（6）将固定噪声源布置在当地主导风向的下风向，利用气象条件对噪声传播的影响作用。

2. 合理安排施工时间

（1）将特别嘈杂的施工活动安排在一天中不太敏感的时间段，尽量避免夜间施工，尤其要避免将大型高噪声机械设备的项目安排在夜间，如打桩作业、连续搅拌混凝土及混凝土浇筑。

（2）将材料运输工作安排在白天，并注意不随意鸣笛。

3. 规范工人施工行为

规范施工行为，通过规范约束，避免工人在施工过程中产生不必要的噪声。

4. 减少施工现场作业

将材料前期加工内容移到场地外专门的工厂、车间进行，尽量向施工现场外发展，减少现场的作业内容和作业量。

5. 控制机械设备噪声

（1）选择先进施工技术。在进行施工方案编制时，在经济条件、场地地质及环境条件允许的情况下，尽量选择先进、科学的施工技术，如装配式建筑；淘汰落后的、可能产生高噪声的施工技术工艺。

（2）选择先进机械设备。对施工中的高噪声机械设备进行技术升级，在机械购置或租用时优先选择技术较为先进、使用年限较短的机械设备。

（3）定期保养机械设备。对施工机械设备进行保养，检查并及时更换磨损的零件，对零件进行润滑，或对机械加装防振垫。

（4）施工机械设备降噪。对施工机械设备进行降噪，可以对原本噪声较高的施工机械设备加装消声装置。

6. 利用声屏障与隔声罩

（1）设置声屏障。

变电站 GIS 室大门采用可拆卸复合彩钢门（见图 5.4-14），提高其通风消声及隔音效果。复合彩钢门厚度为 50mm，外侧面板是 1～1.2mm 厚薄钢板，中间采用聚氨酯泡沫塑料，在门框与门之间做成阶梯状企口并加设橡胶密封条，使门扇、门框之间严密合缝。

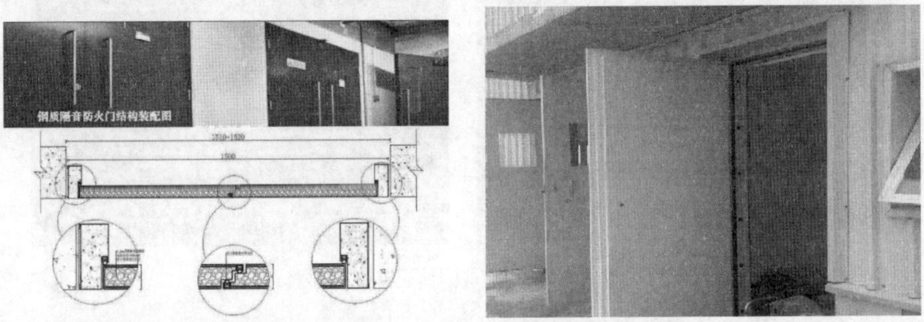

图 5.4-14　可拆卸复合彩钢门

电容器室墙壁及屋面张贴吸声板（见图 5.4-15），可消除电容器噪声的折射和回响。如选用聚酯纤维吸声板，第一层采用微孔板空腔设计，中间填充 48mm 厚的增强材料作龙骨，穿孔后作为迷宫空腔填料，第二层采用空腔或吸声材料。吸声板既考虑到吸声，又兼顾电磁屏蔽盒和室内装修，是其多功能的良好体现。

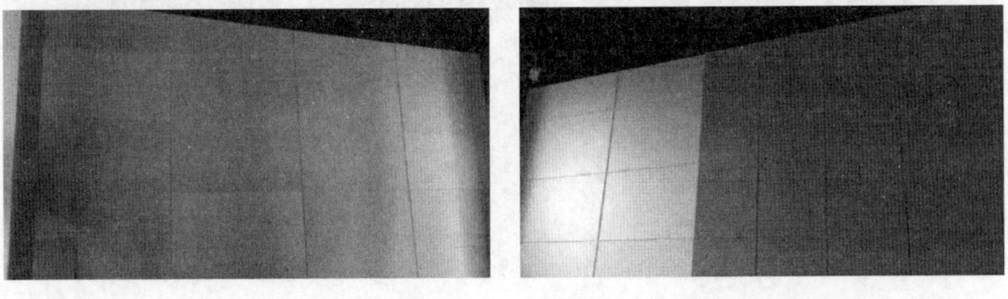

图 5.4-15　吸声板

（2）隔声罩。

针对施工中用到的体积不大、形状较为规则的，或者虽然体积大但是空间及工作条件允许的机械，如空压机、水泵、小型柴油发电机等，可以使用隔声罩将声源封闭在罩内，以减少向周围的声辐射。

按照操作、维修及通风冷却的要求，隔声罩可采取固定密封型隔声罩、活动密封型隔声罩、局部敞开型隔声罩、带有通风散热消声器的隔声罩等结构形式。

5.4.3 机械化、智能化施工

1. 采用定性组合式钢模板

对因成本、吊装限制等不适合预制的常用构件采用定型组合式钢模板（见图 5.4-16）。定型组合式钢模板改变了现场模板的支拆工艺，对节约木材、节省劳动力、提高工程质量有重要意义，可推广使用于主变压器防火墙、主变压器基础、220kV GIS 基础、35kV 断路器基础、隔离开关基础、电容器基础、构架基础、室外电缆沟、设备杆保护帽、雨水井、污水井等。

图 5.4-16　定型组合式钢模板

2. 应用全自动粉墙机自动抹灰

全自动粉墙机具有定位牢、定位快的特点，只需 10s 左右就可以垂直平整固定，阴阳角均可施工到位，如图 5.4-17 所示。利用振动器和加大抹板解决了人工抹墙容易出现空鼓、裂痕的问题，提高了材料的利用率和施工效率。

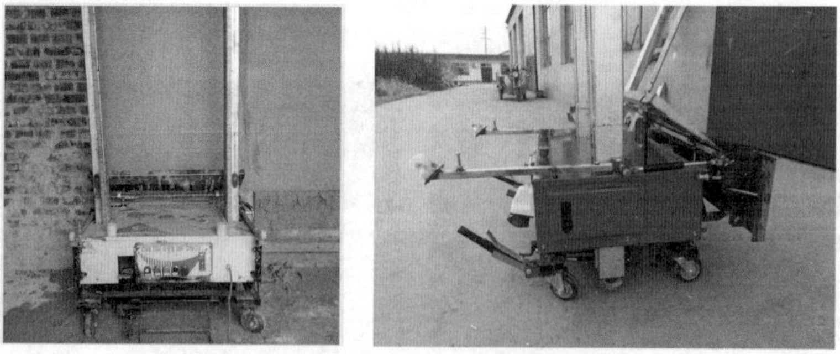

图 5.4-17　全自动粉墙机

腻子喷涂采用腻子喷涂机，喷涂速度快、喷涂均匀，可以控制喷涂机的喷涂速度和厚度，节约材料，如图 5.4-18 所示。

图 5.4-18　腻子喷涂机

3. 采用主变压器油气处理集中监控系统

采用主变压器油气处理集中监控系统可以实现变电油气处理设备的远程监控（见图 5.4-19），通过变送器采集设备数据，进行数据的远程传输；对本机设备控制电路进行改造，在不改变设备原有控制系统的前提下，利用 PLC 控制技术，实现远程控制。在设备本体和运行场地加装球形摄像机，实现设备本体和工作现场的实时监控；将各类功能部件集成到一间远程集控室内；工控机显示器上以动态流程图的形式，实时显示设备运行状态和各项参数。中控台设有远程控制的“八钮四灯”，可对设备进行对应的远程控制操作。若设备运行出现异常时，监控装置会及时发出声光报警信号，提醒值班人员按下“紧急停机”按钮，实现一键停机，确保设备运行安全。集控室内设置大屏幕液晶显示器，配套硬盘录像机，实现多角度视频画面切换监视，与工控机显示器左右安装于中控台台面，便于观察使用。主变压器滤油一般需要 72h，其过程持续不间断，该装置为值班人员提供舒适工作环境，且能够在夜晚准确感知滤油状态，并实现远程操作，减少事故概率。

图 5.4-19　主变压器油气处理集中监控系统

4. GIS对接采用充气式智慧防尘棚

充气式智慧防尘棚采用轻质、环保材料，采用新风辅助系统自动调节模块，集除尘、除湿、控温、换气功能于一体，有效控制温度、湿度、洁净度，可在 20min 内达到环境要求，如图 5.4-20 所示。实现可视化，实时监控现场工作内容，且对环境的监测也可实时反映到后台。控制系统的智慧监控可实现报警功能，当监测到空气洁净度超过报警限值时，现场自带的声光报警器就地报警，同时可通过云监控软件的监控平台，实现远程报警功能。采集到的数据，如温度、湿度、洁净度、报警信号、视频信号等可上传到基建数字化平台，实现实时通信，可在平台上远程调整摄像头查看 GIS 安装细节，监测数据的传输采用省公司加密内网，能够保证信息数据的安全。

图 5.4-20　充气式智慧防尘棚

【思考题】

1. 加强职业卫生与人员健康管理需要提前策划哪些工作？
2. “四节一环保”具体指代哪些内容？它们分别有什么要求？
3. 对实现绿色建造而言，施工总平面布置要符合哪些要求？

第6章
绿色移交

绿色移交在全过程绿色建造中起到承上启下的作用，是沟通建设与运维的纽带。本章从管理制度实施要求、环保水保“三同时”制度实施要求、实体成果移交实施要求、数字化成果移交实施要求四个方面明确了绿色移交的实施要求，讲述了环保水保绿色移交的技术实施路径。

6.1 工 作 原 则

（1）省级公司建设部应在工程投产3个月至1年内，结合达标投产考核等工作开展绿色建造评价复检，全面评估绿色建造成效，评价结果纳入质量考核。

（2）工程竣工后一个月内，设计单位、施工单位形成绿色建造总结，汇报给建设单位（绿色设计总结模板见附录D.1，绿色施工总结模板见附录D.2）；在所有工程文件归档前，建设单位应组织各设计、施工、运营等单位完成绿色建筑的评估工作，对照参考标准，整理评估所需的证明材料，并制定出绿色建筑评估报告；在工程完工后的3个月内组织相关单位完成所有与绿色建筑相关的文件归档工作，在完工后的6个月内还应完成所有环保水保验收报告、备案文件的归档工作；在工程投产后3个月内，向省级公司提出申请，填写绿色建造评价复检申请表，并提供绿色建造评价报告。

（3）监理单位可以将对绿色建造工作的监督情况加入工作总结报告中。

（4）在工程完工之前，设计团队应确保完成对绿色建筑施工的自我评估。对于被评为国家级的优质工程项目，需独立编写绿色设计总结、绿色施工总结，其他项目可以将这部分内容纳入设计总结报告中。

（5）在工程完工后1个月内，施工单位应完成对绿色建筑施工阶段的自我评估。对于被评为国家级的优质工程项目，需独立编写绿色设计总结、绿色施工总结，其他项目可以将这部分内容纳入工程的总结报告中。

（6）数字化移交成果应保证与实体移交成果信息的一致性和准确性，按照三维设计模型交互和成果移交的相关要求，完成建设成果的数字化移交。

（7）相关责任方应在规定时间内完成临时用地的复垦和植被恢复工作。若当地政府有特别要求，应按照当地政府的要求执行。

（8）如果绿色建造评价不合格，建设单位应组织各参建单位在规定期限内完成整改工作。

（9）结合达标投产抽查开展绿色建造评价抽查监督，并将抽查监督结果纳入质量考核。

6.2 实 施 要 求

6.2.1 管理实施要求

1. 各方职责要求

（1）建设单位负责建设单位绿色建造相关档案的收集、整理、审核、归档与移交，组织做好绿色移交等工作；执行绿色策划文件中绿色交付要求，根据工程运营维护需求确定绿色建造项目的实体交付内容及交付标准，明确综合效能调适及绿色建造效果评估的内容及方式；负责全过程绿色建造管理，投运前协调运维单位编制建筑物各子系统（机电设备系统、消防系统等）运行操作规程和维护保养手册；工程投运后三个月内，组织完成工程的设计、施工、检测等技术资料整合和校验，组织完成绿色建造效果评估；组织完成工程档案、BIM 全过程模型数字化移交。

（2）设计单位负责绿色设计相关档案的收集、整理、审核、归档与移交，参与绿色移交相关工作。

（3）监理单位协助做好绿色移交相关工作，做好移交资料的核验、检查。

（4）施工单位负责绿色施工相关档案的收集、整理、审核、归档与移交，参与绿色移交相关工作；工程投运前完成绿色建造的相关检测，核定绿色建材实际使用率。

2. 工序移交要求

各参建单位严格执行输变电工程工序交接验收、竣工预验收要求，明确转序环节、基本条件，严把变电工程和电缆工程土建、电气专业转序及线路工程基础、杆塔分部转序交接关，通过严把绿色移交做实工序交接质量，避免不合格工序流转。

6.2.2 环保水保“三同时”要求

（1）建设单位严格落实环保水保设施与主体工程同时设计、同时施工、同时投产使用的要求，开展工程项目大气污染、固体废物污染、噪声、电磁环境等相关检测及水土保持监测，完成临时用地的复垦和绿色恢复。

（2）建设单位登录“全国建设项目竣工环境保护验收信息平台”，填报建设项目基本信息、环境保护设施验收情况等相关信息；同时将验收报告及其他档案资料存档备查。

（3）竣工后一般 3 个月内建设单位应完成环保验收归档；对于技术评审和现场检查提出的问题，应积极整改督促相关工作落实，填报环境保护告（预）警事项与整改事项反馈单。分期建设、分期投运的电网建设项目，应分期开展环保验收。对于因客观原因需长期降压运行的，应在 12 个月内开展阶段性环保验收，满足最终环保验收条件后再次进行环保验收。

6.2.3　工程实体成果移交

（1）项目移交前，各建设单位组织将验收合格的电气设备、消防系统、安防系统、给排水设备等相关产品使用说明书移交运行单位，为后续运行操作、维护保养提供技术支撑。

（2）建设单位组织将数字化成果与实体成果同步移交运行单位，并确保三维模型、数字化档案与实体移交成果信息的一致性和准确性。

（3）输变电建设项目竣工环境保护验收期间的环境质量评价执行现行有效的环境质量标准，项目竣工环境保护验收污染物排放标准原则上执行环境影响报告书（表）及其审批部门批复决定中规定的标准。在环境影响报告书（表）审批之后发布或修订的标准对建设项目执行该标准有明确时限要求的，按新发布或修订的标准执行。

6.2.4　数字化成果移交

（1）数字成果交付应包含交付准备、交付物和交付协同等方面要求，满足模块化建设相关文件中关于标准化、装配式、智能化、工业化、通用互换、造价合理等方面的总体要求。

（2）移交模型包含基于逻辑模型、物理模型的各类分析计算。按照国家电网有限公司对三维设计模型交互和成果移交的相关要求，完成建设成果的数字化移交，满足国家电网有限公司输变电工程全寿命周期管理的需要。交付的来源、传递、存储及使用应遵守国家现行有关法律法规及信息安全的相关要求。

（3）基于三维设计成果的 BIM 应用，利用可视化、数字化等技术，实现基建工程到运行维护的信息传递，数据模型具备开放性、兼容性，可满足数据交换的要求，实现数据共享。移交文件模型应满足国家、行业及企业现有规程、规范和强制性规定要求。确保移交数据的唯一性、真实性、共享性和安全性，实现数据一次输入，多专业、多阶段信息共享。

6.3　技 术 要 点

6.3.1　变电工程实体移交

根据变电工程作业工序及内容，标准化转序移交主要分为四个阶段：地基处理阶段、变电站主体结构施工前阶段、变电站电气设备安装前（土建交付电气）阶段、变电站投运前阶段。各个阶段均应在相应的工作基本完成，安全文明措施防护到位，现场各区域、各类成品保护措施落实到位，具备良好的转序条件下开展。

1. 地基处理阶段

变电站地基处理阶段，标准化转序移交共包括 6 项内容。

（1）施工方案、技术措施资料齐全，已审批。

（2）砂、石等材料性能符合设计要求，质量证明文件齐全，并已完成材料复试试验。

（3）施工质量的检验项目、方法、数量符合规范规定，质量验收记录齐全。

（4）桩径、桩间距等符合设计要求。

（5）换填已分层压实，压实系数符合设计要求。

（6）地基承载力检测报告结论满足设计要求。

2. 变电站主体结构施工前阶段

变电站主体结构施工前阶段，标准化转序移交共包括 7 项内容。

（1）钢筋、水泥、砂、石等原材料性能证明文件齐全，现场见证取样检验合格，报告齐全。

（2）混凝土强度等级满足设计要求，试验报告齐全。

（3）钢筋保护层、混凝土结构外观质量和尺寸偏差符合质量验收标准。

（4）隐蔽验收、质量验收记录符合要求，记录齐全。

（5）杯口基础位置准确，尺寸偏差符合规范规定。

（6）预埋地脚螺栓位置尺寸符合设计要求，外露长度一致。

（7）基础防腐粘结牢固，表面无损伤。

3. 变电站电气设备安装前（土建交付电气）阶段

变电站电气设备安装前（土建交付电气）阶段，标准化转序移交共包括 4 大项内容。

（1）建设管理（土建）。

1）土建中间验收已完成，土建施工单位自检、专检， 监理单位初检和建设管理单位中间验收等各级验收活动应留存反映现场状态的数码照片，并及时预组卷。

2）土建交付安装前已开展质量监督活动，监督记录、报告及整改闭环记录齐全并及时预组卷。

3）全面应用公司关键工序管控卡，确保质量可控、在控。

（2）开工准备（电气）。

1）根据标准化转序要求，土建工程资料逐步完善收尾，电气工程开工准备工作已完成。

2）电气设备安装前，做好各个区域成品保护措施及安全防护措施。

3）户内 GIS 安装风淋房安装、户外 GIS 安装防尘棚准备已完成。

（3）作业环境（电气）。

1）户外各区域混凝土基础、沟道、构支架等土建工程施工完成并验收合格，户外场地平整、道路畅通。

2）户内电气设备安装涉及设备安装房间装修工作全部完成，户内清洁，通风良好，门窗孔洞封堵完成。

3）电气设备安装区域及周边的土方挖填、喷砂、墙及地面打磨等产生扬尘的作业全部完成。

4）电气设备安装相应配电装置区域的主接地网已完成施工。

5）室内部分顶棚涂料施工结束，2.5m 以上墙面涂料施工结束，2.5m 以下只留一遍面涂。

（4）交接验收。

1）主变压器室外场地/主变压器室。主变压器室外场地/主变压器室内移交安装前应满足以下条件：

a．屋顶、楼板施工完毕，不得渗漏。

b．室内地面的基层施工完毕，并在墙上标出地面标高。

c．进行室内装修时有可能损坏已安装设备或设备安装后不能再进行装饰的工作应全部结束。

d．混凝土基础达到允许安装的强度。

e．电气设备安装相应配电装置区域的主接地网已完成施工。

f．预埋件及预留孔符合设计要求，预埋件安装牢固；预埋件采用镀锌件。

g．施工设施、杂物及场地干净整洁。

h．具有满足要求的施工用地，道路通畅。

i．基坑已回填夯实。

j．主变压器基础中心线及标高符合设计要求，并根据设计图纸在基础上画出中心线。

k．主变压器油池地面和压顶全部施工完毕。

2）室外 GIS 场地/GIS 室。室外 GIS 场地/GIS 室移交安装前，应满足以下条件：

a．屋顶、楼板已施工完毕，不得渗漏。

b．门、窗应安装完毕。

c．室内自流平/地砖铺贴施工完毕，并在墙上标出地面标高。

d．进行室内装修时有可能损坏已安装设备，或设备安装后不能再进行装饰的工作应全部结束。

e．地面平整度满足规程规范要求。

f．预埋件及预留孔符合设计要求，预埋件安装牢固；基础槽钢及预埋件采用镀锌件。

g．施工设施、杂物及场地已清理干净。

h．具有满足安装作业的场地，道路通畅。

i．基坑已回填夯实。

j．通风、照明等工程均已施工完毕。

3）开关室/二次设备室。开关室/二次设备室移交安装前，应满足以下条件：

a．屋顶、楼板已施工完毕，不得渗漏。

b．配电室门、窗安装完毕。

c．室内地面地砖或临时静电地板（或其他临时地板）铺贴应施工完毕，并在墙上标出地面标高。

d．进行室内装修时有可能损坏已安装设备或设备安装后不能再进行装饰的工作应全部结束。

e．结构实体检测满足设计要求。

f. 预埋件及预留孔符合设计要求，预埋件牢固；基础槽钢及预埋件采用镀锌件。

g. 土建施工设施、杂物及场地已清理干净。

h. 具有满足安装作业的场地，道路通畅。

i. 基坑已回填夯实。

j. 照明、空调及通风装置等相关设施安装完毕，并投入运行。

k. 屏、柜基础平行预埋槽钢垂直度偏差、平行间距误差、单根槽钢平整度及平行槽钢整体平整度误差经复测符合设计及规范要求。

l. 核对槽钢预埋长度、位置、标高，符合设计要求，屏柜基础槽钢顶部高出地面 1～10mm。

m. 电缆孔洞符合设计要求，与盘柜匹配。

n. 所有预留孔洞盖板（含临时盖板）安装完毕，满足后续安全文明施工管理要求。

4）蓄电池室。

a. 屋顶、楼板已施工完毕，不得渗漏。

b. 门、窗安装完毕。

c. 室内地面基层施工完毕，并在墙上标出地面标高。

d. 进行室内装修时有可能损坏已安装设备或设备安装后不能实施的工作全部结束，施工设施、杂物及场地已清理干净。

e. 检查蓄电池室埋管、预留洞位置、尺寸，符合设计要求并与安装图一致。

f. 蓄电池避免阳光直射措施已落实。

g. 蓄电池室采用防爆型灯具、通风电机，室内照明线采用穿管暗敷，室内不得装设开关和插座。灯具类型宜采用壁灯，禁止布置在蓄电池正上方。

h. 照明、空调及通风装置等相关设施安装完毕，并投入运行。

i. 室内地面除绝缘垫外全部施工完毕。

5）户外场地（构支架及设备基础）。

a. 施工设施、杂物及场地清理干净。

b. 具有满足要求的施工用地，道路通畅。

c. 基坑已回填夯实。

d. 构支架及设备混凝土基础达到允许安装的强度。

e. 设备基础标高、轴线、预埋螺栓和预埋件（孔）位置及露出长度等符合设计及规范要求。

f. 电抗器基础相间中心距离偏差、预埋件及标高偏差、地脚螺栓中心偏差符合设计及规范要求。

g. 电抗器基础预埋铁件及固定件不得形成闭合磁回路。

h. 装配式电容器基础及预埋件偏差满足设计及规范要求。

i. 断路器基础相间距离偏差、地脚螺栓中心偏差符合设计及规范要求。

j. 隔离开关设备基础同组中心偏差符合设计及规范要求。

k．配电盘柜下预埋件预埋偏差符合设计及规范要求。

l．主接地网引上线不应浇筑在设备基础内，引上线数量不少于 2 根，且引上线规格、位置符合设计要求。

6）电缆沟。

a．电缆沟内电缆通道预留孔洞、预埋件符合设计要求，预埋件安装牢固，强度合格，采用镀锌制品，防腐到位。

b．电缆沟排水畅通，无积水。电缆沟、 隧道的纵向排水坡度不得小于 0.5%。

c．电缆沟、隧道等处的地坪及抹面工作结束。

d．电缆沟、隧道等处的施工临时设施、模板及建筑废料等清理干净。

e．应具有满足要求的施工用地，施工用道路畅通。

4．变电站投运前阶段

变电站投运前阶段，标准化转序移交共包括 4 项内容。

（1）建筑工程（包括装饰装修工程）全部完工，质量验收合格。

（2）各阶段质量监督检查中提出问题整改闭环。

（3）电气设备安装及调试完成。

（4）土建和电气资料齐全，检测报告齐全，施工记录齐全。

6.3.2 线路工程实体移交

根据线路工程作业工序及内容，标准化转序移交主要分为四个阶段：工程开工前阶段、杆塔组立前阶段、导地线架设前阶段、线路投运前阶段。各个阶段均应在上阶段工作基本完成，下一阶段分部开工准备工作基本完成，安全文明措施防护到位，现场各成品保护措施落实到位，具备良好的转序条件下开展。

1．工程开工前阶段

工程开工前阶段，标准化转序共包括 9 项内容。

（1）项目管理人员组织机构健全、人员资质合格有效并完成报审。

（2）管理规划等管理性文件、相关施工阶段方案齐全，已审批并完成交底。

（3）所用工器具、计量器具鉴定合格在有效期内并完成报审。

（4）所需原材料供货商资质、相关试验单位资质均审核通过，工程检测试验项目已报审。

（5）钢筋、水泥、砂、石等原材料性能证明文件齐全，已按工程检测试验项目进行现场见证取样并检测，报告齐全。钢筋连接相关检测报告齐全。混凝土强度等级满足设计要求，试验报告齐全。

（6）施工的物资、材料已部分进场并报审，能满足连续施工的需要。

（7）该阶段的施工分包备案表完成。

（8）工程开工所需的施工质量验收划分表、线路复测记录齐全等其他需报审资料完成报审。

（9）建设单位组织完成该阶段设计交底。

2. 杆塔组立前阶段

工程杆塔组立前阶段，标准化转序共包括 12 项内容。

（1）组塔施工阶段人员配置符合要求、相关人员资质合格有效完成报审。

（2）塔施工阶段的施工方案齐全，已审批并完成交底。

（3）该阶段所用工器具、计量器具鉴定合格且在有效期内，并完成报审。

（4）桩基检测报告齐全、混凝土试块报告齐全、有效。

（5）该阶段的隐蔽验收、质量验收记录符合要求，记录齐全。

（6）基础外观质量、各尺寸偏差符合质量验收标准。

（7）基础成品、接地线埋设、基础防沉层、余土清理均符合要求。

（8）该阶段甲供物资开箱检验完成。

（9）杆塔组立施工分包备案表完成。

（10）建设单位组织完成该阶段设计交底。

（11）该阶段施工单位三级自检，监理单位初检和建设管理单位中间验收应完成并应留存反映现场状态的数码照片。

（12）该阶段质量监督活动已开展，监督记录、报告及整改闭环记录齐全。

3. 导地线架设前阶段

工程导地线架设前阶段，标准化转序共包括 12 项内容。

（1）架线施工阶段人员配置符合要求、相关人员资质合格有效完成报审。

（2）架线施工阶段的施工方案齐全，已审批并完成交底。

（3）该阶段所用工器具、计量器具鉴定合格且在有效期内。

（4）架线阶段所需物资、质量证明文件齐全，导地线握着力试验等有检测要求的完成送检，检测结果合格有效。

（5）杆塔组立阶段质量验收记录符合要求，记录齐全。光缆盘测记录齐全。

（6）塔脚板与基础面接触良好，地脚螺栓紧固，主体结构部件齐全、镀锌表面质量良好，相邻接点间主材弯曲不超标，螺栓紧固率符合规范要求，脚钉齐全，转角、终端塔向受力反方向倾斜和横担架设前预供符合设计要求。

（7）基础成品、杆塔保护措施有效、临时接地引下线连接、基础防沉层、余土清理符合要求。

（8）导地线架设施工分包备案表完成报审。

（9）该阶段甲供物资开箱检验完成。

（10）建设单位组织完成该阶段设计交底。

（11）该阶段施工单位三级自检，监理单位初检和建设管理单位中间验收应完成并应留存反映现场状态的数码照片。

（12）该阶段质量监督活动已开展，监督记录、报告及整改闭环记录齐全。

4. 投运前阶段

工程投运前阶段，标准化转序共包括9项内容。

（1）线路本体按设计要求全部完工，质量验收合格。线路通道清理完成，无影响送电因素。

（2）线路参数测试人员资质合格有效并完成报审，线路参数测试方案齐全，所用参数测试工器具合格且在有效期内，线路参数测试报告合格有效。

（3）施工管理性资料、检测报告、施工记录、隐蔽记录齐全。

（4）接地装置与杆塔连接可靠，接地埋深、焊接、防腐符合要求，接地电阻值符合要求。

（5）杆塔结构倾斜，相邻节点间主、辅材弯曲度等符合设计及规程要求，构件齐全，镀锌均匀无明显色差，螺栓紧固，防盗帽、防松罩加装齐全。

（6）导线相序无误，导地线弧垂及相间偏差满足要求，压接管外观、位置及数量符合验收规范，金具连接可靠，附件齐全，安装符合要求，光缆接头熔接符合要求，导地线对塔身及对跨越物距离满足设计及规程要求，间隔棒安装位置及数量符合要求。

（7）基础成品、杆塔、导地线保护措施有效，线路杆号牌、相序牌、警示牌安装齐全、位置正确，护坡、挡土墙、排水沟、保护帽制作符合要求，基础、接地沟回填无沉陷，防沉层整齐美观。

（8）各阶段施工单位三级自检，监理单位初检和建设管理单位中间验收应完成并应留存反映现场状态的数码照片。

（9）各阶段质量监督活动已开展，监督记录、报告及整改闭环记录齐全。

6.3.3 环境保护验收及设施移交

1. 基本规定及验收标准

（1）环境质量标准：输变电建设项目竣工环境保护验收期间的环境质量评价执行现行有效的环境质量标准。

（2）污染物排放标准：输变电建设项目竣工环境保护验收污染物排放标准原则上执行环境影响报告书（表）及其审批部门批复决定中规定的标准。在环境影响报告书（表）审批之后发布或修订的标准对建设项目执行该标准有明确时限要求的，按新发布或修订标准执行。

（3）环境保护设施处理效果和实施运行效果：根据环境影响报告书（表）及其审批部门批复决定，需评价污染防治、处置设施处理效果及生态保护工程、设施实施运行效果的，按照相关标准、规范、环境影响报告书（表）及其审批部门批复决定的相关要求进行现场核实，也可参照建设项目环境保护设计文件中的要求或设计指标进行现场核实。

2. 验收工况

（1）验收调查应在确保建设项目主体工程调试工况稳定、环境保护设施运行正常的情况下进行，对运行的环境保护设施和尚无污染负荷部分的环境保护设施，采取注明实际监测工况与检查调试记录相结合的方法进行。

（2）验收监测期间，建设项目实际运行电压应达到设计额定电压等级，主要噪声源设备均应正常运行。

（3）验收监测期间，如建设项目运行负荷无法达到设计负荷，应注明实际电压、电流、有功功率等变化范围，并简要分析达到额定负载的环境影响。

（4）分期建设、分期投入运行的建设项目应按照投运时序，分期开展验收工作。

3. 验收调查重点

（1）项目设计及环境影响评价文件中提出的造成环境影响的主要建设内容。

（2）核查实际建设内容、方案设计变更情况和造成的环境影响变化情况。

（3）环境敏感目标基本情况及变动情况。

（4）环境影响评价制度及其他环境保护规章制度执行情况。

（5）环境保护设计文件、环境影响评价文件及其批复文件中提出的环境保护设施和环境保护措施落实情况及其效果、环境风险防范与应急措施落实情况。

（6）环境质量和环境监测因子达标情况。

（7）建设项目环境保护投资落实情况。

4. 环境监测因子

输变电建设项目竣工环境保护验收的主要环境监测因子见表6.3-1。

表6.3-1　输变电建设项目竣工环境保护验收主要环境监测因子汇总表

调查对象	环境监测因子	监测指标及单位
交流输电线路、变电站、开关站、串补站	（1）工频电场	工频电场强度（kV/m）
	（2）工频磁场	工频磁感应强度（μT）
	（3）噪声	昼间、夜间等效声级［dB（A）］
直流输电线路	（1）合成电场	合成电场强度（kV/m）
	（2）噪声	昼间、夜间等效声级［dB（A）］
换流站	（1）合成电场	合成电场强度（kV/m）
	（2）工频电场	工频电场强度（kV/m）
	（3）工频磁场	工频磁感应强度（μT）
	（4）噪声	昼间、夜间等效声级［dB（A）］
	（5）外排冷却水	磷酸盐（mg/L）、化学需氧量（mg/L），如作为农业用途时，加测全盐量（mg/L）、水温（℃）

5. 环境敏感目标调查

（1）境敏感目标调查包括：环境影响评价文件中确定的环境敏感目标，验收调查阶段新增加的环境敏感目标（包括项目建设发生变更而新增加的、环境影响评价阶段遗漏的等环境敏感目标）。

（2）电磁环境、声环境敏感目标，应给出名称、功能、分布、数量、建筑物楼层、高度、与项目相对位置、导线对地高度等。

（3）当建设项目进入生态、水环境敏感区时，需调查相关敏感区的名称、级别、审批情况、分布、规模、保护范围、具体保护对象，与建设项目的位置关系，并附生态、水环境敏感区的功能区划图。

（4）列表对比验收调查阶段和环评阶段确定的环境敏感目标，并说明环境敏感目标变化原因。

6. 设施、保护措施落实情况调查

（1）环境保护设施落实情况调查。

1）调查建设项目环境保护“三同时”制度执行情况，调查内容包括：环境保护设计情况，施工合同中涵盖环境保护设施的建设内容和要求情况，环境保护设施与主体工程同时投入使用情况等。

2）调查建设项目环境保护设施建成情况，包括但不限于建设项目占地及恢复工程、电磁环境污染防治设施、噪声污染防治设施、污水处理设施、生态恢复、生态治理工程和设施、固体废弃物收贮设施等。

3）调查其他环境保护设施建成情况，如环境风险防范设施、“以新带老”改造项目、关停或拆除现有项目、淘汰落后装置、施工期环境保护设施等。

4）如调查发现存在未落实环境影响报告书（表）及其审批部门批复决定要求的环境保护设施的情况，应及时整改。

（2）措施落实情况调查。

1）调查建设项目在选址选线、设计、施工、运行阶段所采取的减轻生态影响、污染影响的环境保护措施，并对环境影响评价文件及其批复文件所提出的各项环境保护措施落实情况一一予以核实、说明。

2）生态影响的环境保护措施主要是针对生态环境敏感目标（水生、陆生）的保护措施，包括植被的保护与恢复措施、野生动物保护措施、临时占地等迹地恢复措施，生态环境敏感区的保护措施等。

3）污染影响的环境保护措施主要是指针对电磁、声、水、气、固体废物等各类污染源所采取的保护措施。

4）对于分期建设、分期验收的建设项目，应调查各期建设项目环境保护措施之间的关系、后续建设项目中“以新带老”环境保护措施落实情况，说明分期验收完成情况。

5）根据调查结果，分析项目建设过程中环境保护“三同时”制度落实情况。

7. 电磁环境影响评价及移交

（1）电磁环境监测一般规定。

1）电磁环境敏感目标监测点选取：应考虑与环境影响评价阶段监测点的一致性，同时选取新增的、有代表性的敏感目标。

2）监测频次：确定的各监测点位测量一次。

3）监测方法及仪器：工频电场、工频磁场的监测方法及仪器按照 HJ 681《交流输变电工程电磁环境监测方法（试行）》的规定；合成电场监测方法及仪器按照 GB 39220《直流输电工程合成电场限值及其监测方法》的规定。

（2）变电站、换流站、开关站、串补站电磁环境监测。

1）变电站、换流站、开关站、串补站电磁环境监测包括电磁环境敏感目标监测、厂界监测。

2）变电站、换流站、开关站、串补站各侧围墙外的电磁环境敏感目标监测布点应具有代表性。

3）厂界监测一般在变电站、换流站、开关站、串补站围墙外 5m 处布置监测点，如在其他位置测量，应说明监测点位与变电站、换流站、开关站、串补站相对位置关系及环境现状。

（3）输电线路电磁环境监测。

1）输电线路电磁环境监测包括电磁环境敏感目标监测和断面监测。

2）输电线路跨越的电磁环境敏感目标均应进行监测，其他电磁环境敏感目标按有代表性原则进行监测；当监测点位覆盖全部电磁环境敏感目标时，可不进行断面监测。

3）对于 330kV 及以上电压等级的交叉跨越或并行架空输电线路，当线路中心线间距小于 100m 且并行区域内存在电磁环境敏感目标时，电磁环境监测布点应考虑并行线路对电磁环境敏感目标的综合影响。

4）输电线路断面监测应按照电压等级、排列方式等选择代表性断面进行监测。对于跨省级行政区的输电线路，每个省级行政区内至少应选择一处断面进行监测。如不具备断面监测条件，应说明原因。

（4）监测结果分析。

1）明确监测点位置、监测因子、监测频次、监测要求，附监测点位图。

2）统计监测结果，结合电磁环境敏感目标实际情况，分析电磁环境影响因子达标情况。

3）对电磁环境影响超标情况应进行重点分析，并提出整改、补救措施与建议。

8. 声环境影响评价及移交

（1）调查内容。

1）噪声源项调查：调查输变电建设项目主要噪声源和主要背景噪声源情况。

2）声环境功能区划调查：调查建设项目所在地的声环境功能区划情况。

3）噪声防治设施、噪声防治措施的调查：调查工程环境影响评价文件及其批复文件、设计文件要求的声环境保护设施、声环境保护措施的落实情况。

（2）声环境监测一般规定。

1）变电站、换流站、开关站、串补站厂界噪声监测应符合 GB 12348《工业企业厂界环境噪声排放标准》的要求。

2）变电站、换流站、开关站、串补站厂界噪声监测点应尽量靠近站内高噪声设备、距噪声敏感建筑物较近及受被测声源影响大的位置。一般情况下应在每侧厂界设置若干代表性监测点。

3）厂界噪声的监测频次：昼间、夜间各监测一次。

4）声环境敏感目标噪声监测应符合GB 3096《声环境质量标准》的要求。

5）声环境敏感目标的监测频次：昼间、夜间各监测一次。

（3）监测结果分析。

1）统计监测结果，分析厂界噪声和声环境敏感目标声环境质量达标情况。

2）对噪声超标情况应进行重点分析，并提出整改、补救措施与建议。

9. 水环境影响评价

（1）水污染源调查：调查变电站、换流站、开关站、串补站污水产生量，处理后的污水回用量、排放量、排放或污水清运情况等。

（2）污水处理工艺调查：调查变电站、换流站、开关站、串补站污水处理设施、处理工艺、处理能力。

（3）建设项目所在地表水环境功能区划调查，包括项目受纳水体的环境功能区划。换流站存在冷却水外排受纳水体时，主要从水量、处理方式、主要影响因子（磷酸盐、化学需氧量等）达标情况等方面进行调查；外排冷却水如作为农业用途时，加测全盐量（mg/L）、水温（℃）。

（4）调查验收调查范围内水环境敏感区的分布状况，明确其保护范围、功能区划、与项目相对位置关系等。调查项目建设对其产生的影响，附相关功能区划图。

10. 固体废物影响

（1）调查建设项目施工期施工弃土、施工建筑垃圾及施工人员生活垃圾等的处理方式。

（2）调查变电站、换流站、开关站、串补站运行期废蓄电池、废矿物油和工作人员生活垃圾等来源和处理处置方式，并明确处置、处理要求。

（3）调查建设项目施工迹地、临时占地的清理恢复情况，因地制宜进行土地功能恢复工作。拆迁迹地应做到土地平整，无建筑垃圾遗留。

11. 环境管理与监测计划落实情况调查

（1）按建设项目施工期和环境保护设施调试期两个阶段分别进行调查。

（2）建设单位、施工单位及运行单位环境保护管理机构及规章制度制定、执行情况，环境保护人员专（兼）职设置情况。

（3）环境监测计划落实情况。包括施工期、调试期环境监测计划落实情况。

（4）建设单位环境保护相关档案资料的齐备情况。

（5）环境影响评价文件和初步设计文件中要求建设的环境保护设施运行管理情况。

6.3.4 水土保持验收及设施移交

1. 基本规定

水土保持施工措施应根据施工图及现场实际开展，满足“三同时”要求，分为工程措施、植物措施和临时措施三类，包括表土剥离及回覆、拦渣工程、斜坡防护工程、土地整治工程、降水蓄渗工程、临时防护工程、植被建设工程 7 类单位工程。本书重点关注 7 个单位工程的移交工艺标准。

2. 表土剥离及回覆

（1）表土剥离后集中堆放的土堆高度一般不超过 1.5m，按照耕作层剥离及存储设计原则土堆边坡角不大于 50°，四周采用编织袋装土填筑对坡脚进行防护，袋装土断面为梯形，尺寸为高 1.2m、顶宽 0.6m、底宽 1.2m，堆土各向边坡比控制在 1∶1～1∶1.5，再播撒草籽；应采用耕植土或其他满足要求的回填土，回填土中不应含有建筑垃圾等物质；回填时应进行夯实作业，回填土的夯实系数应达到设计要求并保证地表平整。

（2）堆放表土时，需定期对施工便道进行洒水降尘，减少尘土对周围环境的污染；土地整平工作结束后，应调运临时堆放表土回覆至扰动区域；覆土厚度根据土地利用方向确定，农业用地 30～50cm，林业用地 40～60cm，牧业用地 30～40cm，对于回覆的表土需进行整平。

（3）表土回填时要分离出粒径较大的块石、树干等杂物；若土壤质量和土层厚度无法满足作物生长需要，必须进行覆客土，客土最好在灾毁区周围，运距在 20km 以内，要充分利用重建过程中城镇、工矿和农民集中安置区等占地时所剥离的表土；机械回填后的表土往往比较紧实，需要进行翻耙。

（4）当采用喷混植生或打土钉挂网喷草绿化，不需覆土。

3. 拦渣工程

（1）坝体施工严格按 SL 25《砌石坝设计规范》、GB/T 50290《土工合成材料应用技术规范》相关要求执行；拦渣坝内需设置导流洞，最低的导流洞应能排出渣场底面积水；单个片石石料厚度不小于 15cm，镶面材料应选择尺寸稍大且具有较平整表面，并稍加粗凿，在角隅处应使用较大石料，大致粗凿方正；所有石料应分层砌筑，当分段施工时，相邻段砌筑高度不大于 1.2m。

（2）毛石应分批卧砌，各皮石块利用其自然形状，经适当凿打修整，使之能与先砌石块基本吻合，搭砌紧密，上下错缝，内外搭砌，不得使用侧立石块于外侧、中间填心的砌法；砌体与坡面紧密结合，砌筑片石咬口紧密、错缝砂浆饱满，不得有通缝、叠砌、贴砌和浮塞，砌体勾缝要牢固美观；砌缝宽度、错缝距离应符合规定，勾缝坚固、整齐，深度和型式符合要求。

（3）墙体施工按 SL 25《砌石坝设计规范》、GB/T 50290《土工合成材料应用技术规范》的相关要求执行；拦渣墙的沉降缝间距为 10～15m，宽 2～3cm（施工时缝内夹 2cm 厚的木板，施工后抠除）。从墙顶到基底沿墙的内、外、顶三侧填塞沥青麻丝，深 15cm；片块石石料符合设计规定的类别和规格，强度不小于 30MPa，石质均匀、不易风化、无裂纹；片石应分层砌筑，以 2～3 层片石组成一个工作层，每个工作层的水平缝大致找平，各工作层竖缝相互错开，不贯通，外圈定位行列和转角石，选择形状较为方正及尺寸较大的片石。

4. 斜坡防护工程

（1）浆砌石护坡移交要求：浆砌石块应分层错缝，浆砌时坐浆挤紧，嵌缝后砂浆饱满，无空洞现象；砌体坚实牢固，边缘顺直，无脱落现象；勾缝平顺、缝宽均匀，无裂缝和脱落现象；厚度偏差±30mm，表面平整度不大于20mm，顶面标高偏差在±15mm以内；沉降缝整齐垂直、上下贯通，泄水孔坡度向外，无堵塞现象。

（2）混凝土骨架护坡要求：边坡坡面平整度不大于50mm，坡面无危石、松土、凹坑等；骨架轴线偏差不大于10mm，截面尺寸偏差在±5mm以内；骨架厚度、嵌置深度及骨架间距符合设计要求；坡面绿化植被覆盖率最终应不小于90%；混凝土骨架高出坡面高度应符合设计要求，应起到防治水土流失的作用。

（3）植生袋护坡：先将边坡多余的碎石、泥土等杂物清除并整平，在植生袋最底层先垫铺5～8cm的碎石，便于坡面积水排出；将装好种植土的植生袋由下而上均匀码放在坡面上，每码好一排后均用脚踩实压紧再往上继续码放；对于坡比不小于1∶0.5的边坡，为保证其稳定在做好的植生袋上用米字型铁钢丝网拉紧，每拱中间用一根80～100cm长的ϕ14的钢筋固定，其他部位用50cm长的ϕ14的钢筋固定。

（4）植基毯护坡：边坡坡面平整度不大于50mm，粒径大于40mm的石块等硬物应剔除；坡面绿化植被覆盖率最终应不小于90%；不允许局部出现斑块裸露情况，影响视觉观感；植基毯铺设时应搭接，搭接部分采用U型钉固定，搭接宽度不小于50mm，坡顶坡脚植基毯定压应不小于500mm。

（5）截水沟：截水沟砌筑用片石要求不带泥，片石厚度不小于20cm，大面面积不小于30cm^2，片石强度不得小于30MPa，选用质地坚硬、不易风化、无裂纹石料，表面的污渍施工时予以清除；沟槽开挖时，弃土堆在槽边，沟槽每侧临时堆土或施加其他荷载时，应保证槽壁稳定且不影响施工。沟槽弃土应尽量堆在沟边的一侧，堆土坡角距槽口上缘距离不宜小于0.8m，堆土高度不宜超过1.5m。沟槽堆土在砌筑完成后回填剩余土方集中运至弃土场；砌块砌缝的宽度不超过4cm，砌体表面与三块相邻石相切的内切圆直径不大于7cm，两层间的错缝不小于8cm。

（6）排水沟：排水沟砌筑用片石要求不带泥，片石厚度不小于20cm，大面面积不小于30cm^2，片石强度不得小于30MPa，选用质地坚硬、不易风化、无裂纹石料，表面的污渍施工时予以清除；砂浆应具备良好的和易性，其稠度以标准圆锥体塌度表示，用石砌体宜为5～7cm，气温较高时可适当增大；砌块砌缝的宽度不超过4cm，砌体表面与三块相邻石相切的内切圆直径不大于7cm，两层间的错缝不小于8cm。

5. 土地整治工程

（1）场地平整：夯压密实，表面无松散、起皮，分层留槎接槎的位置正确，接槎密实、平整；分层压实系数、分层厚度应符合设计要求；标高允许偏差在±50mm以内，表面平整度不大于30mm。

灰土回填应夯压密实，表面无松散、起皮，分层留槎接槎的位置正确，接槎密实、平整；

分层压实系数、分层厚度应符合设计要求；标高允许偏差在±50mm 以内，表面平整度不大于 15mm。

砂石回填宜采用级配良好、质地坚硬的碎石、中砂、粗砂，不得含有草根、树叶、塑料袋等有机杂物及垃圾，含泥量不宜超过 3%；对级配砂进行技术鉴定，其质量均应达到设计要求或规范的规定；标高允许偏差在±15mm 以内，表面平整度不大于 20mm；铺筑砂分两层进行，每层厚度应做试孔，使压实厚度符合设计 200mm 的厚度要求。

土地平整应满足 GB 50433《生产建设项目水土保持技术标准》和 GB/T 21010《土地利用现状分类》的要求；整地形式及规格符合设计要求，土埂密实；带状整地工程，应保证条带水平。

（2）碎石铺设碎石色泽一致，级配优良，粒径为 10～20mm，灰土中粒径大于 20mm 的土块不得超过 10%，最大的土块粒径不得大于 50mm，色泽调和，石灰中严禁含有未消解颗粒；碎石铺设厚度均匀、平整，级配优良。

（3）草皮回铺：草皮回铺区域应回填压实，压实系数应达到设计要求。回铺前应进行土地整治，先垫铺 5～10cm 厚的腐殖土层；机械铲挖的草皮经堆放和运输，根系会受到一定损伤，铺植前要弃去破碎的草皮块；铺植时，把草皮块顺次摆放在已平整好的土地上，铺植后压平，使草皮与土壤紧接；铺植时应减少人为原因造成草皮损坏，影响成活率；同时，尽量缩小草皮块之间的缝隙，并利用脱落草皮进行补缝；应尽量保证回铺草皮与周边原生草皮处于同一平面以提高成活率。

6. 降水蓄渗工程

（1）雨水蓄渗。雨水收集工程雨水口宜设在汇水面的低洼处，顶面标高宜低于地面 1～2cm；雨水口所担负的汇水面积不应超过其收水能力，一般最大间距不超过 40m；雨水收集系统土工布及防渗膜尽量使用宽幅材料，底面及两侧面相加宽度不大于 9m 时，尽量使用整宽幅土工布/防渗膜，减少搭接及焊接（粘接）工程量，使用复合土工膜施工需进行双面机械缝合保护。

雨水入渗工程采用的粗骨料一般为粒径 20～30mm 的卵石或碎石，骨料应冲洗干净；透水垫层除了采用砂石外，还可采用透水性混凝土；透水性混凝土垫层所用水泥宜选用 P.032.5、P.S32.5 以上标号，不得使用快硬水泥、早强水泥及受潮变质过期的水泥；雨水入渗工程在施工前，应根据施工场地的地层构造、地下水、土壤、周边的土地利用以及现场渗透实验所得出的渗透量，校核入渗工程是否满足设计要求。

（2）径流拦蓄：坡面小型蓄水工程宜布设在坡脚或坡面局部低洼处，与排水沟相连，容蓄坡面排水；工程的分布与容量应根据坡面径流总量、蓄排关系，按经济合理、便于使用的原则确定。一个坡面可集中布设一个工程，也可布设若干工程，单个工程池体容量宜为 10～500m^3；天然砂料及粗骨料质量要求质地坚硬、清洁、级配良好，天然砂料细度模数宜在 2.4～2.8 范围内，粗骨料的粒径为 20～40mm，天然砂及粗骨料的质量要求符合 SL 677《水工混凝土施工规范》的有关规定；工程混凝土施工时严格控制混凝土配合比，做好过磅记录，水泥用量误差控制在1%以内，骨料用量误差控制在2%以内。

沟底谷坊坝库工程用石料应采用强度较好、粒径大的石料，混凝土的粗细骨料应质地坚硬、清洁、级配良好、符合设计要求，尺寸、强度及浇筑方式按照相关设计规范和施工规范进行施工；工程浇筑用混凝土应根据设计强度用机械进行搅拌；施工前应对基底进行夯实整形，其基底夯深不小于0.5m，密度达到中密以上；坝体施工时，制作孔径为500mm×500mm的泄水孔，泄水孔横向间距为2500mm，纵向间距为1500mm，呈梅花形布设，最下一排泄水孔距沟底不小于300mm。

7. 临时防护工程

（1）临时拦挡：临时袋装土拦挡艺土袋应填充应具备一定的强度，填充系数以80%～85%为宜；土袋以围堰形式进行堆放，要求堆放错落有致、边缘牢固、缝条整齐、清晰美观；土袋拦挡应布设在堆场下坡面，土袋拦挡的高度因地形及堆场范围而异，原则上以不超过1.2m为宜。

彩钢板拦挡依据施工平面图和现场状况，对临时围挡进行测设定位放线。放完线后应予以复核，与图纸不符部位应及时调整；依据图纸及现场测量尺寸，计算出需要制作立柱与板块的数量。钢材进行防锈处理，刷红丹防锈漆两遍再将彩钢板用铆钉连接到方管龙骨上制成板块，制作好的立柱及板块龙骨都要进行防锈处理，涂刷两遍防锈漆；根据弹设好的围挡位置线开挖基坑，开始浇筑C20混凝土基础；同时将制作完成的预埋件安装固定，预埋板采用150mm×150mm钢板，混凝土浇筑过程中严格按照国家标准施工。浇筑完毕后，及时覆盖并养护；待基础混凝土达到一定强度后，进行立柱、板块安装，均匀分隔，焊机焊接到预埋板上，全部焊接完毕后，对焊接情况进行验收，合格后进行板块安装。彩钢板厚度宜为0.7mm，彩钢板间骨架横向可采用50mm×50mm镀锌方形钢管，纵向可采用60mm×60mm镀锌方形钢管，每2.5m宜加焊斜撑，并且焊接完的位置重新做涂刷防锈处理。

围栏施工根据设计图纸、实际地形、地物的情况定出立柱中心线，然后按围墙中线、高程点测放围墙的平面位置和纵断高程。精确测定出围墙基础主轴线和起讫点，伸缩缝位置，每端的衔接是否顺直，并按施工放样的实际需要增补围墙各点的地面高程，并设置施工水准点。

（2）临时排水：临时排水沟依据场地和地形布设；开挖基槽或者管沟时候，应合理确定开挖顺序、线路及深度，土方开挖宜从上到下分层分段依次进行；开挖出来的土临时堆放在沟槽一侧，底边与沟槽应保持一定距离，不得小于1m，堆土高度应小于1m；槽底高程的允许偏差不得超过偏差为±10mm。

临时沉沙池砌筑应做到横平竖直，砂浆饱满，接茬可靠，灌缝严密；砖的运输、装卸，要轻装、轻放，现场堆码整齐，堆放在平坦、干燥面上；砖应提前一天浇水湿润，含水率为10%～15%，不得用含水率过低或过高砖砌筑；砂浆应随拌随用，严禁使用出现凝结后的砂浆。

泥浆池应该满足SL/T 269《水利水电工程沉沙池设计规范》的要求；灌注桩基础施工应设泥浆槽、沉淀池；浆池采用挖掘机开挖，四周按要求放坡，开挖应自上而下逐层进行，严禁先挖坡脚或逆坡开挖；泥浆池、沉淀池开挖后，须进行平整、夯实；为防池壁坍塌，池顶面需密实；泥浆池四周及底部应采取防渗措施。

（3）临时覆盖：密目网苫盖密目网网目数不低于 2000 目/100cm^2；针对现场开挖产生临时堆土、扰动的裸露地面进行苫盖。彩条布苫盖的表面密度、厚度、平整度应符合国家标准；彩条布应不渗漏水，耐水压值不小于 2000mm 水柱。彩条布铺垫应选用密度高、厚度平均、布面平整，强度高、无异味、无刺激性的产品；彩条布应具有耐晒和良好的防水性能；工程措施坚持“先防护后施工”原则，及时控制施工过程中的水土流失。

8. 植被建设工程

（1）撒播种草。

1）草种：选择适合当地气候条件容易生长的草种，并且发芽率不低于 90%；

2）肥料：肥料的含量应有不低于 10%的氨、15%的磷酸盐和 10%的碳酸钾；

3）水：种植用水或养护用水应无油、酸、盐或其他对植物生长有害的物质。

（2）栽植灌木。

1）苗木：按图纸所规定的品种、规格宜在本地区选苗。如某些品种的苗木需到外地采购，应向业主、监理方申请，并做好苗木的检疫工作。

2）标准：为了保证苗木成活率，提高绿化效果，选用生长健壮、无病虫害、树形好、根系发达的苗木。

3）填土、换土、施肥：填土时要先填入表土，然后填入底土，并要求及时除去树根、草根及砖石块。如挖出的坑土不适宜种植，则应换上肥沃的土壤。施肥时严禁树根与肥料直接接触，施用有机肥应经过发酵处理，以免烧伤树根。模纹花坛、遍植花灌木可结合平整土地撒施肥料，并充分拌匀。

4）水：种植用水或养护用水应无油、酸、盐或其他对植物生长有害的物质。

（3）栽植乔木。

1）苗木：按图纸所规定的品种、规格，宜在本地区选苗。如某些品种的苗木需到外地采购，应向业主、监理方申请，并做好苗木的检疫工作。

2）标准：为了保证苗木成活率、提高绿化效果，选用生长健壮、无病虫害、树形好、根系发达的苗木。

3）填土、换土、施肥：填土时要先填入表土，然后填入底土，并要求及时除去树根、草根及砖石块。如挖出的坑土不适宜种植，则应换上肥沃的土壤。施肥时严禁树根与肥料直接接触，施用有机肥应经过发酵处理，以免烧伤树根。模纹花坛、遍植花灌木可结合平整土地撒施肥料，并充分拌匀。

4）水：种植用水或养护用水应无油、酸、盐或其他对植物生长有害的物质。

6.3.5 档案数字化移交

1. 电子文件的形成与收集整理

（1）应在电子文件拟制、办理或收集过程中完成保管期限鉴定、分类、排序、命名、存储等整理活动。

（2）应以件为管理单位整理电子文件，也可根据实际以卷为管理单位进行整理。整理活动应保持电子文件内在的有机联系，建立电子文件与元数据的关联。

（3）原文件为纸质文件时，建设单位或文件形成单位应负责将纸质文件进行数字化扫描，形成 PDF 或 OFD 格式的数字化电子文件。原文件为建设工程原生电子文件时，建设单位应确保电子文件来源可靠、程序规范、要素合规。

（4）电子文件应包括完整的著录信息和元数据信息。

（5）建设工程数字化电子文件主要包括下列内容：采用数码设备对纸质工程文件进行数字化加工，将其转换为存储在磁带、磁盘、光盘等载体上并可被计算机识别的数字图像或数字文本；采用数字化转换设备对录音、录像文件进行数字化转换，将声音、影像的模拟信息转换成可被计算机存储和处理的数字信息。

（6）形成的建设工程数字化电子文件应符合下列规定：基于纸质文件形成的数字化文件应符合 DA/T 31《纸质档案数字化规范》的有关规定；文件扫描应根据文件原件实际情况、数字化目的、数字化规模、计算机网络和存储条件等选择相应的扫描设备，进行相关参数的设置和调整。参数的设置和调整应保证扫描后数字图像清晰、完整、不失真，图像效果最接近档案原貌。页面中有红头、印章或插有照片、彩色插图、多色彩文字等的文件，应采用彩色模式进行扫描。扫描分辨率应不小于 200dpi。应保证扫描后图像清晰、完整，并综合考虑数字图像后期利用方式等因素。建议扫描分辨率不小于 300dpi。纸质文件数字图像长期保存格式为 PDF 或 OFD 格式的数字化电子文件。

基于录音录像文件形成的数字化文件应符合 DA/T 62《录音录像档案数字化规范》的有关规定。原则上应将《输变电工程安全质量过程控制数码照片管理工作要求》中规定的数字化对象的录音录像档案信息全部采集，数码照片由工程业主项目部、监理项目部和施工项目部负责采集，三个项目部应分别独立完成采集工作，不得共用照片。照片资料应与工程建设进度同步形成，真实反映施工现场安全质量控制情况。数码相机或移动设备应正确设置日期；采集的照片应保存为 JPEG 格式，画面应显示拍摄日期，分辨率应不小于 1200×1600 像素；单张照片大小不宜超过 1M。信息采集完成后，应通过播放、对比档案原件和采集到的音视频文件等方式进行质量检查。存在音视频不清晰、不同步等差错，不符合音视频质量要求时，属于采集问题的，应对该文件进行重新采集。

（7）建设工程原生电子文件的审批应采用具有法律效力的电子签名或电子印章技术，所载内容应真实、可靠。

（8）形成的原生电子文件应采用符合《中华人民共和国电子签名法》《中华人民共和国密码法》规定的电子签名（章）；应采用符合 GB/T 38540《信息安全技术　安全电子签章密码技术规范》有关规定的电子签名（章）；应向电子认证及签章服务机构提供真实、完整和准确的信息；应在线进行电子签名（章）；建设单位和各参建单位均应按照标准化管理手册配置相应人员电子签名（章）。

（9）声像等电子文件应全面反映工程建设过程的实体情况，并随工程进度同步形成，不得事后修整、编造、篡改。电子文件形成后，不应被非正常修改、获取和删除。

2. 电子文件分类

（1）电子文件形成、积累过程中，参建单位应根据文件内容和性质对电子文件进行分类保存。应以单份文件或一个复合文件为一个保存单位。

（2）多个具有紧密联系的单份文件可组合成一个复合文件，并应符合下列规定：正文与附件、转发文与被转发文、请示与批复、来文与回复文件、正文与链接文件，应分别作为 2 个或 2 个以上的单份文件保存，也可作为 1 个复合文件保存；采用 CAD 技术形成的电子文件应以一个图幅为 1 个单份文件；多个图幅组成的电子图可作为 1 个或多个单份文件，也可作为 1 个复合文件保存；建设工程中，*N* 天的施工日志可作为 *N* 个单份文件，也可作为 1 个复合文件保存；*N* 个检测报告、试验报告、检验批质量验收记录等，可作为 *N* 份电子文件保存，也可作为 1 个复合文件保存。

（3）电子文件形成单位应在其业务系统中对复合文件的每个单份文件建立关联。也可采取下列方式将复合文件联系在一起，将组成复合文件的单份文件保存在同一文件夹内，将组成复合文件的单份文件赋予相同的题名，并在题名后加 01、02、03 等阿拉伯数字加以区分。

（4）建设工程电子文件分类应根据需要设置一级至 *N* 级类目，应符合国家电网有限公司电网建设项目管理办法中文件归档范围的要求。

（5）声像电子文件的分类与组卷应符合国家电网有限公司电网建设项目管理办法中文件归档范围的要求。

（6）应对各级类目和电子文件编制类目目录和文件目录。

（7）形成电子文件时，应根据电子文件的内容及特征提炼出题名。在业务系统中创建电子文件时，应自动或人工对电子文件赋予题名。

3. 电子文件归档管理

（1）电子文件归档范围。

电子文档归档范围应按照 GB/T 50328《建设工程文件归档规范（2019 年版）》、GB/T 18894《电子文件归档与电子档案管理规范》、DA/T 28《建设项目档案整理规范》、《国家电网有限公司电网建设项目档案管理办法》执行。

（2）电子文件的存储格式要求。

1）电子文件格式应具备格式开放、不绑定软硬件、显示一致性、可转换、易于利用等性能，能够支持同级国家综合档案馆向长期保存格式转换。

2）归档的电子文件应转换成表 6.3-2 中所列文件格式。

表 6.3-2　　归档电子文件格式

文件类别	格式
文本（表格）文件	OFD、DOC、DOCX、XLS、XLSX、PDF/A、XML、TXT、RTF

续表

文件类别	格式
图像文本	JPEG、TIFF
图形文本	DWG、PDF/A、SVG
视频文件	AVS、AVI、MPEG2、MPEG4
音频文件	AVS、WAV、AIF、MID、MP3
数据库文件	SQL、DDL、DBF、MDB、ORA
虚拟现实/3D图像文件	WRL、SDS、VRML、X3D、IFC、RVT、DGN
地理信息数据文件	DXF、SHP、SDB

4. 电子文件归档流程

（1）电子文件办结后，业务系统根据预先设置的归档范围和归档材料目录，自动将工程建设过程中形成的电子文件组件及元数据采集至归档文件夹中。电子文件组件和元数据的采集一般以实时、物理的形式进行，以计算机自动采集为主，必要时可人工补充。

（2）采集的电子文件组件及元数据有序地存放至归档文件夹中，并按预先设置的命名规则生成电子文件号，对归档文件夹进行命名。

（3）电子文件分两个阶段归档，由系统自动进行。第一阶段是在业务系统上进行的预归档，将电子文件及元数据进行收集和整理，形成完整的归档信息包；第二阶段是将归档信息包交换到电子档案系统上进行数据交换、归档检测、整理编目，正式归档形成电子档案。

5. 电子文件检测

（1）电子文件交接双方均应对电子文件进行检测，检测合格后方可归档交接。

（2）电子文件的检测应满足可用性、完整性、安全性、真实性等方面的要求。

6. 电子档案的接收

（1）除合同或协议中另有约定外，各参建单位应当在项目通过交工验收后3个月内，将项目电子档案向建设单位移交。建设单位应当在项目竣工验收后3个月内，向使用单位移交项目电子档案。停建、缓建的项目，建设单位应及时收集各参建单位形成的项目电子档案。

（2）应归档电子文件保管期限分为永久、定期30年和定期10年等。项目电子档案的移交与接收应当符合《电子档案移交与接收办法》的要求。

6.4 典型案例

6.4.1 实物“ID”与基建数字化融合

电网建设工程中，电气设备在完成调试和交接试验工作后需要在送电前分别完成实物“ID”嵌入流程管控系统和电气设备交接试验智能管控系统两个平台的电气设备调试和交接试验数据录入，两平台数据根据 GB 50150《电气装置安装工程 电气设备交接试验标准》形成，数据来源唯一，项目实施过程中存在两个平台重复录入情况，增加现场工作量。

目前，实物“ID”嵌入流程管控系统和电气设备交接试验智能管控系统数据已经贯通，电气设备交接试验智能管控系统中的交接试验数据已经可以在“实物‘ID’嵌入流程管控系统”中进行读取，实物“ID”嵌入流程管控系统中的物资参数可以推送到电气设备交接试验智能管控系统中。实物 ID 嵌入业务流程管控系统如图 6.4-1 所示。电气设备交接试验智能管控系统如图 6.4-2 所示。

图 6.4-1 实物 ID 嵌入业务流程管控系统

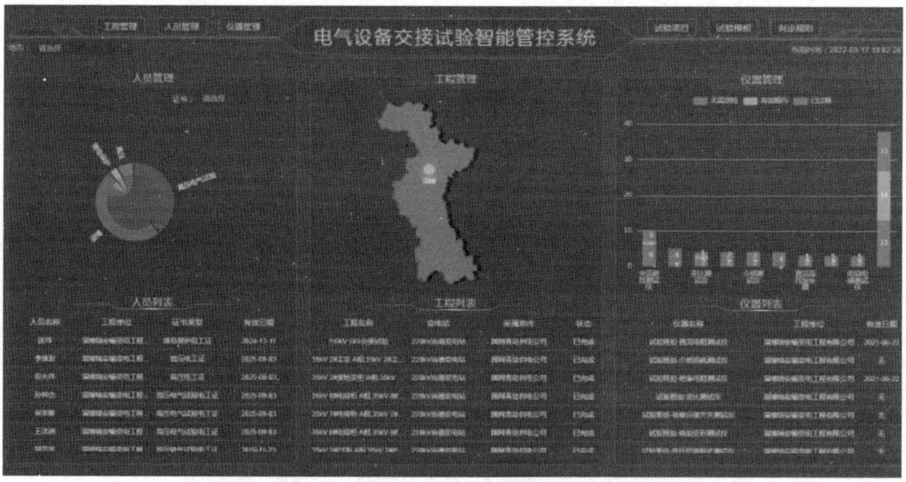

图 6.4-2 电气设备交接试验智能管控系统

交接试验平台中，涉及主变压器和组合电器的试验内容，可以依托实物“ID”字串，推送到实物“ID”嵌入流程管控系统中，并进行自动填充。通过使用 App 扫码变压器、组合电器铭牌二维码，交接试验平台能够获取“ID”嵌入流程管控系统中变压器、组合电器物理参数，获取设备出厂参数，将实验信息纳入管控系统，减少现场输入工作量和错误率。

6.4.2 数字化档案一键移交

通过基建数字化平台不断完善升级，在移动端逐步实现视频智能识别、穿戴设备、拉力及倾角传感器及采集感知设备等感知层设备调试、接入。通过边缘代理实现现场感知设备的实时采集，实时监控施工现场进展、重要设备、人员管理等动态信息，实现施工现场运作一体化，基建数字化平台将信息统一并将数据汇集，完成数据的互联互通并形成联动。

实现工程档案与现场业务同步。利用图像识别技术，对现场施工过程中如未戴安全帽、着装不规范、登高作业安全措施不到位的情况进行告警并记录，结合项目工程信息等信息，自动生成问题通知单，在基建数字化平台应用中生成“停工令”电子化表单，填充停工日期及停工原因，实现表单与工程档案同步生成与存档。通过智能化装备逐步推广应用，大型试验监测装备（主变压器油过滤装备、六氟化硫环境监测装备等）、实测实量工器具（卡尺、金属成分分析仪）等监测、检测数据无感链入至基建数字化平台，直至智能生成验评记录。基建数字化平台如图 6.4-3 所示。

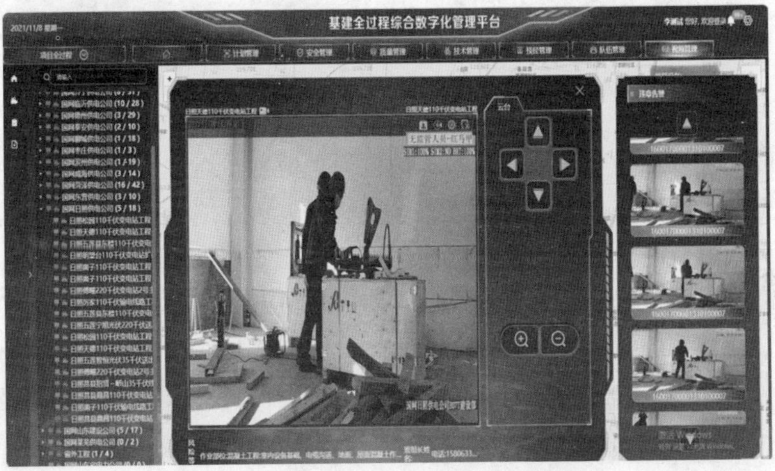

图 6.4-3 基建数字化平台

输变电工程线上过程资料形成进入整理库后，自动获取案卷目录和卷内目录的元数据，根据档案分级分类关系模型，实现多维度方式自动分类、排序整理，大大提升档案生成后各种并行现场作业产生的档案手动排序整理效率问题。

6.4.3 三维数字化移交

以三维模型为基础，以 BIM 技术的应用为载体，整合工程的数字高程模型、数字正射影像图、基础地理信息、设备三维模型数据、设计数据、施工安全质量数据、运维数据等，在工程竣工投产后，建设单位组织向运维单位移交工程整体数据模型，包含竣工三维模型、设备主要信息和工程建设过程关键数据等。实现设备台账与智能变电站状态检修数据的有效链接，打通全寿命周期管理链条，辐射运维管理。

运维单位以建设单位移交的工程整体数据模型为基础，根据变电站和输电线路的运行维护和大修技改工作开展情况，随时向模型或数据文件中增加运维检修信息，形成全寿命周期的数据，与工程前期、建设过程的应用一并形成整体化的三维设计和数据模型应用体系。提出以下三个可能的应用场景。

1. 员工培训

成果可用于关键运维工序的技术交底，通过动态展示和详细标注，使运行人员更好地理解施工工艺和操作要点。图 6.4-4 为员工虚拟培训场景。

图 6.4-4　员工虚拟培训

2. 辅助运检

移交后的成果可以作为变电站设备的维护检修大数据，对巡检机器人精确定位及导航，实现对设备例巡任务的快速响应，并能远程操控机器人执行巡检任务；通过三维模型，提前模拟空间狭小、邻近带电体等位置检修过程，提高检修效率和质量。

实时数据三维模型可以动态、直观地反映停、带电区域，在模拟环境中进行故障检查和处理操作。结合运行系统为受训人员提供漫游方式，使其能够全面检查三维场景中的设备；模拟拆解检修对象，让运维人员对整个功工作流程有更直观、深入的认识，提高作业效率并降低作业风险，如图 6.4-5 所示。

图 6.4-5　实时数据三维模型

3. 建设运行大数据档案

将图纸信息、运行历史数据、巡检历史记录等统一集成到三维设计模型（如图 6.4-6 所示）中，通过调取三维模型实时查看系统中的数据，构建二、三维数据信息的联动。

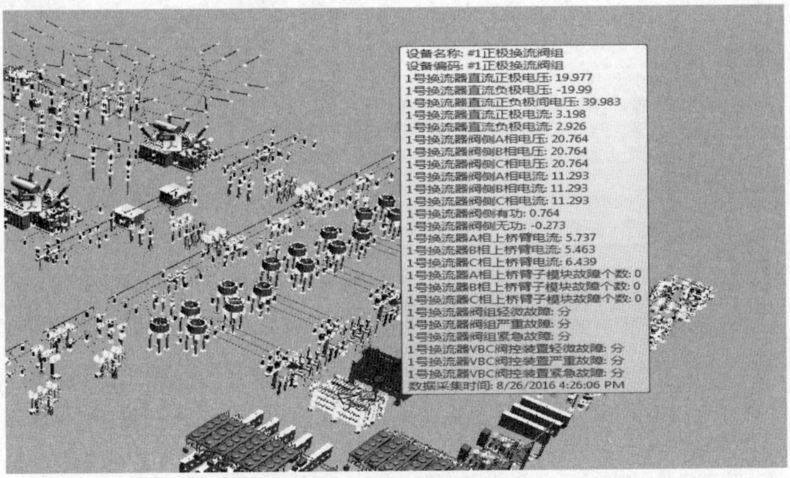

图 6.4-6　三维设计模型

【思考题】

1. 工程完工后，要求多长时间之内完成各阶段绿色建造评价?
2. 关于变电工程实体移交中的地基处理环节，标准化转序移交共包括哪些内容?

第7章 绿色评价

本章围绕输变电工程绿色评价工作，系统介绍了绿色评价的工作原则、实施要求、技术要点，对评价流程、评价指标等方面进行了解读，明确了资源节约、环保与安全评价标准及相关量化指标，解决了输变电工程绿色建造“怎么评”的问题，指导各单位高质量开展绿色评价工作。

7.1 工作原则

绿色评价工作应贯穿工程建设的全过程，按照相关规程规范及建设单位绿色总体策划、各参建单位绿色实施策划、专项方案及管理制度等，分阶段开展评价工作。

7.1.1 绿色评价基本要求

（1）建立绿色建造管理体系和管理制度，实施目标管理；

（2）根据绿色建造要求进行图纸会审和深化设计；

（3）策划文件及方案应有专门的绿色建造章节，绿色建造目标明确，内容应涵盖“四节一环保”要求；

（4）工程技术交底应包含绿色建造内容；

（5）采用符合绿色建造要求的新技术、新工艺、新流程、新装备、新材料进行施工；

（6）开展绿色建造培训交底，并有实施记录；

（7）根据检查情况，制定持续改进措施；

（8）采集和保存过程管理资料、见证资料和自检评价记录等绿色建造资料；

（9）在评价过程中，应采集反映绿色建造水平的典型图片或影像资料。

7.1.2 绿色评价底线要求

（1）不发生安全生产死亡责任事故；

（2）不发生重大质量事故，并造成严重影响；

（3）不发生群体传染病、食物中毒等责任事故；

（4）未因“四节一环保”问题被政府主管部门处罚；

（5）未因违反国家有关“四节一环保”的法律法规，造成严重社会影响。

7.2 实 施 要 求

7.2.1 评价流程

1. 建设单位自评

建设单位应按照设计、施工、移交三个阶段，依据输变电工程绿色建造评价指标，组织开展绿色建造自评工作。

（1）设计阶段自评：在“初步设计审查”“施工图审查”节点组织开展两次绿色设计自评。

（2）施工阶段自评：在下列节点组织开展绿色施工自评。

1）变电（换流）站工程原则上按照“开工前”“土建施工高峰期”“电气施工高峰期”节点开展三次。

2）架空输电线路工程原则上按照“开工前”“基础施工高峰期”“组塔架线施工高峰期”节点开展三次。

3）电缆线路工程原则上按照“开工前”“电缆安装高峰期”节点开展两次。

（3）绿色移交自评：在工程“投运前”节点组织开展一次绿色移交自评。

2. 省级公司评价

省级公司在工程竣工后，结合达标投产考核等工作开展绿色建造评价，全面评估绿色建造成效，将评价结果纳入达标投产及优质工程评分。

7.2.2 评价指标

1. 指标构成

输变电工程绿色建造指标评价工作主要依据《输变电工程绿色建造指引》，绿色建造指标评价由关键指标评价、基础指标评价及优秀指标评价三部分构成，按照变电站工程、架空线路工程、电缆工程三个专业进行划分。

（1）关键指标主要依据《“十四五”循环经济发展规划》《绿色建筑评价标准》等国家、行业对绿色建造的相关要求、规范和标准，按照绿色、高质量发展要求，结合输变电工程建设特点设置，确保公司输变电工程绿色建造成效达到国家、行业平均先进水平。

（2）基础指标主要对照管理指引、专业指导中各项规定，从绿色策划、绿色设计、绿色施工、绿色移交四个方面对工程开展全过程评价，核查各项要求执行情况，重点体现绿色建造的规范性，引导、督促参建单位将绿色发展理念融入工程建造全过程。

（3）优秀指标主要对照公司“碳达峰、碳中和”工作部署及“六精四化”工作要求，重点从技术创新、科研获奖等两个方面评价绿色建造的先进性。在具体分值设置上，充分考虑覆盖各省级公司工程建设实际和地域特点，鼓励各单位因地制宜开展绿色建造创新工作。

（4）绿色建造指标评价的评分项和评分标准结合公司最新要求实行动态调整。评分结果纳入质量考核，并作为公司推荐参与国家、行业绿色建造示范工程评选的重要依据。

2. 关键指标

输变电工程绿色建造关键指标详细计算方式及方法可按附录中的要求执行，简要说明如下：

（1）“建筑垃圾综合利用率”依据国家发改委《“十四五”循环经济发展规划》，以及住房和城乡建设部《关于推进建筑垃圾减量化的指导意见》进行设置，用于衡量绿色建造过程中建筑垃圾资源化利用水平。

（2）“节水率”和“节能率”参照GB/T 50378《绿色建筑评价标准》，删除部分与输变电工程无关的评分项后进行设置，用于衡量建设过程中水资源节约情况及降低能源消耗、减少排放的执行情况。

（3）“临时用地恢复率”用于衡量工程建设过程中对自然环境的影响；“污水达标排放率”依据《中华人民共和国水污染防治法》、GB 8978《污水综合排放标准》等法规标准制订，用于体现水资源保护成效。

（4）“施工场地扬尘控制合格率”参照地方政府“建筑施工现场扬尘控制标准”进行设置，用于引导参建单位减少建筑施工活动对周边环境产生的不利影响，提高现场文明施工管理水平。

（5）“噪声排放合格率”参照GB 12523《建筑施工场界环境噪声排放标准》、GB 12348《工业企业厂界环境噪声排放标准》进行设置，用于衡量建设过程对周边环境的噪声影响。

（6）“碳排放核算率”依据《关于加快建立统一规范的碳排放统计核算体系实施方案》（发改环资〔2022〕622号）要求进行设置，用于引导各参建单位积极开展输变电工程建设碳排放核算工作，为公司研究制订输变电工程建设碳排放统计核算体系夯实基础。

（7）“绿色建材应用率”参照GB/T 50378《绿色建筑评价标准》进行设置，通过引导各参建单位采用节能、减排、安全、健康、便利、可循环的建材产品，减少对资源的消耗和对生态环境的影响。

（8）“变电工程预制件使用率”结合电网建设特点设置，用于引导参建单位积极使用预制构件，减少现场湿作业。

3. 基础指标

（1）变电站工程。

1）绿色策划：绿色总体策划，绿色设计策划，绿色施工策划。

2）绿色设计：总平面设计、建筑设计、结构设计、给排水及消防设计、暖通设计、电气一次设计、电气二次设计、建筑电气设计。

3）绿色施工：临时设施，一般规定，地基与基础工程，主体结构工程，装饰装修工程，机电安装工程，拆除工程，电气施工一般规定，电力变压器及油浸式电抗器、油浸式互感器，气体绝缘金属开关设备（含 SF_6 断路器），母线，构架及支架，电缆，盘、柜、二次回路接线，电气试验。

4）绿色移交：绿色移交管理。

（2）架空线路工程。

1）绿色策划：绿色总体策划，绿色设计策划，绿色施工策划。

2）绿色设计：电气设计、结构设计。

3）绿色施工：临时设施、一般规定、基础施工、杆塔组立、架线施工。

4）绿色移交：绿色移交管理。

（3）电缆工程。

1）绿色策划：绿色总体策划，绿色设计策划，绿色施工策划。

2）绿色设计：电缆路径设计、电缆敷设设计、电气设计、结构设计。

3）绿色施工：临时设施、一般规定、电缆土建、电缆敷设。

4）绿色移交：绿色移交管理。

4. 优秀指标

（1）变电站工程。

1）技术创新。

土方平衡：土方零外运。

节约用地：经过设计优化，变电站总占地面积比通用设计占地面积减少。

降低能耗：变电站主要功能房间照明功率密度值不大于 GB 50034《建筑照明设计标准》和 DL/T 5390《发电厂和变电站照明设计技术规定》的目标值。

环境保护：临建场地零硬化；采用预制舱式临建。特殊地貌地区（高原、冻土、草原、森林等）现场施工生态保护措施完整到位。

土建工艺技术创新：地基处理时，泥浆采用现场脱水固化处理技术；装配式钢结构安装采用全螺栓，实现主体结构零焊接。

变电工艺技术创新：采用双断口隔离开关技术；使用 X 光等无损检测方法对 GIS 内部进行检查；GIS 设备就位采用气垫运输等新技术；沿海地区经技术经济比较后，采用石墨烯重防腐涂料等新材料。

碳排放核算：工程建设过程中，组织对碳排放进行定量计算或定性分析。

绿色建造技术创新：取得绿色建造技术创新成果，得到推广应用。

2）科研获奖。

绿色建造科技成果：依托本工程自主创新并试点应用的，形成具有自主知识产权的工法、设备等。项目研究获得国家级奖项、省部级科技奖项（含发明专利）、地市级奖项（含实用新型专利）。

（2）架空线路工程。

1）技术创新。

路径选择：在地质条件复杂地区，采用地质遥感、地质雷达等技术对路径所经地区进行稳定分析。

节能导线选用：经过经济技术比较，合理选用节能型导线。

工艺技术创新：高腐蚀地区，杆塔钢材采用新型耐腐蚀措施或材料；中腐蚀以上地区，应用不锈钢、石墨等耐腐蚀接地材料；高海拔、强光照、自然保护区、风景名胜区及对光污染有特殊要求的地区，采用有效避免强光反射及光污染措施；应用蓝牙游标卡尺、测尺等智能检测设备，通过质量模块采集测量。

环境保护：特殊地貌地区（高原、冻土、草原、森林等）现场施工生态保护措施完整到位。

碳排放核算：在工程建设过程中，组织对碳排放进行定量计算或定性分析。

绿色建造技术创新：取得绿色建造技术创新成果，得到推广应用。

2）科研获奖。

绿色建造科技成果：依托本工程自主创新并试点应用的，形成具有自主知识产权的工法、设备等。项目研究获得国家级奖项、省部级科技奖项（含发明专利）、地市级奖项（含实用新型专利）。

（3）电缆工程。

1）技术创新。

电缆通道设计：排管管材选用 HPVC 等强度高、耐久性好的环保型材质；电缆通道应用装配式构件，如预制式工作井、箱涵等。

节能设备选用：电缆隧道内照明功率密度值不大于 GB 50034《建筑照明设计标准》和 DL/T 5390《发电厂和变电站照明设计技术规定》的目标值；灯具实现分区域控制；电缆隧道内，应用巡检机器人、智能监控、火灾报警等智能化设备。

工艺技术创新：变电站外应用分支接头等（非户外终端导线搭接方式）新技术解决电缆线路 T 接问题；应用蓝牙游标卡尺、测尺等智能检测设备，数据通过质量模块自动采集测量；中度腐蚀以上地区，应用耐腐蚀接地材料。

环境保护：特殊地貌地区（高原、冻土、草原、森林等）施工编写植被保护措施方案，保证原有植被最小范围的破坏和最终恢复，且现场施工生态保护措施完整到位。

碳排放核算：在工程建设过程中，组织对碳排放进行定量计算或定性计算。

绿色建造技术创新：取得绿色建造技术创新成果，得到推广应用。

2）科研获奖。

绿色建造科技成果：依托本工程自主创新并试点应用的，形成具有自主知识产权的工法、设备等。项目研究获得国家级奖项、省部级科技奖项（含发明专利）、地市级奖项（含实用新型专利）。

7.3 技 术 要 点

7.3.1 绿色建造管控水平

1. 建设单位管控水平

（1）应按照有关法律、行政法规要求，依法办理用地审批手续，贯彻保护耕地、节约使用土地的原则。

（2）在新建输变电工程中积极推广装配式建筑和绿色建材。

（3）在编制工程概算和招标文件时，应明确绿色建造的要求，提供包括场地、环境、工期、资金等方面的条件保障，并在施工合同中提出相应的绿色施工要求。

（4）应向施工单位提供建设工程绿色建造的设计文件、产品要求等相关资料，保证资料的真实性和完整性。

（5）应在建筑工程立项阶段组织编制绿色总体策划，建立绿色建造建设过程管理体系，并制定相应的管理制度，明确各级人员责任。

（6）应建立工程项目绿色建造的协调机制。

（7）应按照《建设项目环境影响报告书（表）编制监督管理办法》（生态环境部〔2019〕第9号令）等规定组织编制环境影响报告书、环境影响报告表或者填报环境影响登记表，按照GB 50433《生产建设项目水土保持技术标准》的要求编制水土保持方案报告书。

（8）组织图纸会审、深化设计和合理化建议，制定优化设计、方案优化措施。

2. 设计单位管控水平

（1）应按国家现行有关标准和建设单位的要求进行工程的绿色设计，设计图纸或设计说明中应有绿色设计专篇。

（2）应依据因地制宜的原则，充分考虑绿色建造的总体要求，推广应用“电力建设五新技术”“建筑业10项新技术”中涉及绿色建造的新技术，为绿色建造提供基础条件。

（3）应在设计阶段充分考虑开挖的土石方临时堆放场地或弃土场所，制定避免水土流失措施、施工垃圾暂存及处理措施、“三废”（废弃物、废水、废气）及噪声等排放处理措施，使之符合有关职业卫生和环境保护要求。

（4）应指导施工单位做好输变电工程绿色施工的有关设计工作。

3. 监理单位管控水平

（1）应审查绿色设计策划、绿色施工策划或绿色施工专项方案，并在实施过程中做好监督检查工作。

（2）应对整个绿色建造过程实施动态管理，加强对设计策划、施工图设计、施工策划、施工准备、材料采购、现场施工、工程验收等各阶段的管理和监督。

（3）监理工程师应当对工程使用的墙体材料、保温材料、门窗部品、采暖空调系统、照明设备，以及涉及建筑节能功能的重要部位施工质量检查验收并签字认可。

4. 施工单位管控水平

（1）施工单位是输变电工程绿色施工的实施主体，应负责绿色施工的全面实施。

（2）实行总承包管理的输变电工程，总承包单位应对绿色施工负总责。

（3）总承包单位应对专业承包单位的绿色施工实施管理，并在专业分包合同中提出要求，专业承包单位应对工程承包范围内的绿色施工负责。

（4）施工单位应建立绿色施工管理体系，建立绿色建造施工过程交底、培训等管理制度，项目经理为绿色施工第一责任人，负责绿色施工的组织实施及目标实现，并指定绿色施工管理人员和监督人员。

（5）施工单位应编制绿色施工策划，细化提出具体绿色施工目标，制定切实可行的绿色施工过程管控措施。施工组织设计、施工方案、专项技术措施、技术交底中应有专门的绿色施工章节，内容充实，涵盖“四节一环保”措施，可操作性强。

（6）应有保护江、河、湖、海生态环境的具体措施；工程项目环境保护“三同时”，配套环保设施全部正常运行。

（7）应结合工程项目的特点，有针对性地对绿色施工进行相应的宣传，通过宣传营造绿色施工的氛围。

（8）开展绿色施工培训交底，并留存记录，增强职工绿色施工意识。

（9）按标准化配置要求布置办公区、生活区和作业现场，确保绿色环保施工。

（10）对进入施工现场的墙体材料、保温材料、门窗部品等进行检验。对采暖空调系统、照明设备等进行检验，保证产品说明书和产品标识上注明的性能指标符合建筑节能要求。

（11）应建立机械设备保养、限额领料、建筑垃圾再利用的台账和清单。

（12）收集和保存绿色施工有关的典型图片、影像资料及有关技术资料，真实记录绿色施工实施过程。

（13）应按照国家法律、法规的有关要求，编制施工现场环境保护和人员安全等突发事件的应急预案。

（14）施工单位应建立不符合绿色施工要求的施工工艺、设备和材料的限制、淘汰等制度。不得使用国家、行业、地方政府明令淘汰的高耗能机电设备（产品）和禁止使用技术及建筑材料。

（15）合理编制施工计划和施工班组进场计划，做到优化工序、节省台班。

（16）应有人员健康应急预案；制定职业病预防、传染病疫情防范措施；定期对从事有职业病危害作业的人员进行体检；户外施工时，应有防止高温、高湿、高盐、沙尘暴等恶劣气候条件及野生动植物伤害措施和应急预案。

（17）施工现场危险地段等处应设置醒目安全标志；应佩戴相应的防护器具和劳动保护用品；密闭环境应设置检测报警及通风设施；配备相应应急设施；现场应有应急疏散、逃生标志、应急照明及消暑防寒设施。

（18）应制定食堂卫生、食材及生活用水管理制度，器具清洁；卫生设施、排水沟及阴暗潮湿地带应定期消毒，厕所保持清洁，隔油池、化粪池定期清掏；生活垃圾应分类处理，并分类堆放在指定地点。

（19）施工单位应建立建筑材料数据库，应采用绿色性能相对优良的建筑材料。

（20）施工单位应建立施工机械设备数据库。应根据现场和周边环境情况，对施工机械和设备进行节能、减排和降耗指标分析和比较，采用高性能、低噪声和低能耗的机械设备。

7.3.2　资源节约评价标准

1. 节能与能源利用

（1）绿色策划文件中应涵盖节能与能源利用的内容，制订合理用能目标，提高能源利用率。

（2）应编制机械设备总体耗能计划，对进场重大设备进行能耗评估，设备进场后建立主要耗能设备清单。

（3）临时用电设施应符合下列规定：

1）应合理规划线路铺设、配电箱配置和照明布局；

2）应采用节能型设施；

3）现场照明设计应符合 JGJ 46《施工现场临时用电安全技术规范（附条文说明）》的规定；

4）办公区和生活区应优先选用节能照明灯具；

5）临时用电设备宜采用自动控制装置；

6）施工通道及无直接采光的施工区域照明宜分别采用声控、光控、延时等自动照明控制；

7）推广应用 10kV 施工电源和节能变压器；

8）施工现场分别设定生产、生活、办公和施工设备的用电控制指标，定期进行计量、核算、对比分析，并有预防与纠正措施。

（4）机械设备应符合下列规定：

1）应选择能源利用效率高的施工机械设备；

2）应合理安排施工工序和施工进度，共享施工机具资源；

3）应建立机械设备技术档案，定期检查保养；

4）应选择功率与负载相匹配的施工机械设备，避免大功率施工设备长时间低负载运行；

5）施工作业停工应及时关机；

6）对于施工中的大型机械和耗能设备应定期监控利用情况；

7）施工机具设备采用变频电机设备。

（5）临时设施应符合下列规定：

1）应结合日照和风向等自然条件，合理采用自然采光、通风措施；

2）应使用热工性能达标的复合墙体和屋面板，顶棚宜采用吊顶；

3）应采取外窗遮阳、窗帘等防晒措施；

4）应用减烟节油设备。

（6）材料运输应符合下列规定：

1）应合理布置施工总平面图，避免现场二次搬运；

2）建筑材料设备的选用应根据就近原则，500km 以内生产的建筑材料重量占比应大于 95%；

3）现浇混凝土应采用预拌混凝土，建筑砂浆宜采用预拌砂浆。

（7）现场施工应符合下列规定：

1）应采用能耗少的施工技术和施工工艺；

2）应合理安排施工工序和施工进度，减少夜间作业、冬期施工和雨天施工时间，控制季节性施工的能源消耗；

3）应合理安排施工机械，避免集中使用大功率设备；

4）宜利用太阳能或其他可再生能源；

5）沥青混合料加热宜采用天然气等清洁能源；

6）施工期宜采用集中供电、电网供电、温拌沥青等节能方法；

7）施工力能管线布置简洁合理，热力管道、制冷管道采取保温措施；

8）金属切割采用焊接切割用燃气代替乙炔气。

2. 节地与土地资源利用

（1）绿色策划文件中应涵盖节地与土地资源保护的内容。

（2）应了解施工场地及毗邻区域内的人文景观、特殊地质及基础设施管线分布情况，制订相应的用地计划和保护措施，并报请相关方核准。

（3）施工场地应有设备、材料定位布置图，实施动态管理。

（4）节约用地应符合下列规定：

1）施工总平面应根据功能分区集中布置；

2）应根据现场条件和使用需求，合理设计场内交通道路；

3）应利用原有及永久道路为施工服务，施工现场临时道路设置综合确定；

4）临时办公和生活用房应采用多层装配式活动板房、箱式活动房等；

5）对垂直运输设备布置方案应进行优化，减少垂直运输设备占地；

6）应充分考虑现场实际情况，加强永临结合，减少施工占地；

7）优化线路路径设计及塔位选择，充分考虑现场施工布置，缩减线路施工临时道路长度，减少施工对周围环境的破坏；

8）合理安排材料堆放场地，加快场地的周转使用，减少占用周期；

9）采用预拌混凝土，节省现场搅拌站用地。

（5）保护用地应符合下列规定：

1）应覆盖施工现场裸土，防止土壤侵蚀、水土流失；

2）应合理利用山地、荒地作为取、弃土场的用地，做到依法合规；

3）施工现场非临建区域宜采取绿化措施，减少场地硬化面积；

4）应优化基坑施工方案，减少土方开挖和回填量；

5）工程施工完成后，应进行地貌和植被复原；

6）应合理调配路基等土石方工程，力求挖填方平衡，减少取土挖方量；

7）大型临时设施应利用荒地、荒坡、滩涂布置；

8）利用再生材料或可周转材料进行临时场地硬化；

9）挡墙、护坡等符合设计要求，制定有效的防治水土流失措施。

（6）宜利用既有建筑物、构筑物和管线或租用工程周边既有建筑为施工服务。

（7）宜集中拌合地基处理物料。

3. 节水与水资源利用

（1）签订标段分包或劳务合同时，应将节水目标纳入合同条款。

（2）节约用水应符合下列规定：

1）应根据工程特点，制定用水定额；

2）施工现场供、排水系统应合理适用；

3）施工现场办公区、生活区的生活用水应采用节水器具，节水器具配置率应达到100%；

4）施工现场的生活用水与工程用水宜分别计量；

5）施工中应采用先进的节水施工工艺；

6）混凝土养护和砂浆搅拌用水应合理，混凝土养护应有采用覆膜、喷淋等节水措施；

7）管网和用水器具不应有渗漏；

8）有效节约墙体湿润、材料湿润和材料浸泡用水；

9）施工混凝土养护采用全自动控制设施系统，养护设备可周转使用。

（3）水资源的利用应符合下列规定：

1）施工现场污水、废水处理及排放应符合 GB 8978《污水综合排放标准》有关要求；

2）基坑降水应储存使用，施工现场应建立基坑降水梯级循环再利用的收集处理系统；

3）现场机具、设备、车辆冲洗水处理后排放或循环再用；

4）施工现场应有雨水收集利用的设施；

5）喷洒路面、绿化浇灌不应使用自来水；

6）生活、生产污水宜处理并使用；

7）有条件的现场，充分利用中水或矿井疏干水，减少地表水、地下水用量；

8）安装和生产试验性用水应有计划，试验后应回收综合利用；

9）制定、落实隧道防涌水及排水回收利用措施；

10）500kV 及以上电网建设项目施工现场采用海绵技术对雨水进行收集处理。

4. 节材与材料资源利用

（1）应制定合理节约材料目标，根据就地取材的原则进行材料选择并有实施记录。

（2）材料计划准确、供应及时、储量适中、使用合理。

（3）材料的选择应符合下列规定：

1）建立完善的绿色建材供应链，积极采用符合设计要求的绿色环保新型材料、部品部件和可周转设备、材料。

2）临建设施预制装配化，采用可拆迁、可回收材料。现场临建设施、安全防护应定型化、工具化、标准化、可拆迁，采用可回收材料。办公和生活临时用房应采用可重复利用的房屋。临时设施建设不宜使用一次性墙体材料。

3）推广应用高性能混凝土，应利用粉煤灰、矿渣、外加剂等新材料降低混凝土和砂浆中的水泥用量；粉煤灰、矿渣、外加剂等新材料掺量应按供货单位推荐掺量、使用要求、施工条件、原材料等因素通过试验确定。

4）采用高强钢筋，减少用钢量。

5）现场宜使用预拌混凝土和预拌砂浆。

6）推广应用成型钢筋，减少钢筋废料。

7）钢结构、管道应采用工厂化预加工。

8）除锈、防腐现场涂装时应采用无污染、耐候性好的材料。

（4）材料节约应符合下列规定：

1）宜采用管件合一的脚手架和支撑体系，推广使用工具式模板新型模板材料，采取措施提高模板、脚手架等材料的周转次数；

2）应采用工具式模板和新型模板材料，如铝合金、塑料、玻璃钢和其他可再生材质的大模板和钢框镶边模板；

3）材料运输方法应科学，降低运输损耗率；

4）应优化线材下料方案，计划备料、限额领料，合理下料、减少废料，有效减少材料损耗和浪费；

5）面材、块材镶贴，应做到预先总体排版；

6）应因地制宜，采用新技术、新工艺、新装备、新材料；

7）模板、脚手架等周转性材料及时回收、管理有序，提高周转次数；

8）钢筋集中加工配送，钢筋采用模块化施工设计；

9）钢构件、设备、管道、电气等安装采用 BIM 加 3D 扫描模拟安装；

10）保温防腐材料应合理安排进厂次序，限额领料，充分利用保温边角料，降低材料损耗；

11）运用建筑信息化模型，通过施工模拟、三维技术交底等为施工提供数据报告，逐步实现精益生产、智能制造；

12）临时维护材料及时回收，降低损坏率。

（5）资源再生利用应符合 GB/T 50743《工程施工废弃物再生利用技术规范》，并符合下列规定：

1）建筑余料应合理使用，废材回收机制健全，现场实现无焊条头、无废弃防腐保温材料、无废弃填料和油料、无废弃电缆和成型桥架，实现边角余料回收；

2）板材、块材等下脚料和撒落混凝土及砂浆应科学利用；

3）临建设施应充分利用既有建筑物、市政设施和周边道路；

4）现场办公用纸应分类摆放，纸张应两面使用，废纸应回收；

5）使用工业废渣作为道路底基层和面层；

6）废材回收制度健全，现场实现无焊条头、无废弃防腐保温材料、无废弃填料和油料、无废弃电缆和成型桥架，实现边角余料回收，集中回收及时处置；

7）GIS组合电气设备施工 SF_6 气体应专业回收。

（6）电气设备及材料安装前完成检测，杜绝带缺陷安装而导致后期返工。

5. 人力资源节约与职业健康安全

（1）针对工程特点，制定科学合理的人力资源节约目标；控制目标指标符合总用工量量化值要求。

（2）通过深化设计、施工方案优化、技术应用与创新等措施，提高施工效率，实现人力资源节约。

（3）人力资源节约量应按阶段、分工种、分阶段统计汇总，数据真实，并进行科学合理的对比分析，结果应用于持续改进。

（4）针对量化指标所采取的优化方案、技术应用以及指标完成效果等，应进行对比分析并形成报告。

（5）现场应进行重大危险源识别并公示，风险源识别应全面。

（6）针对重大风险源，应制定相关制度措施，保障施工人员的长期职业健康。施工现场配置医务急救药品器材，建立卫生急救、保健防疫制度。从事有毒、有害、有刺激性气味和强光、强噪声施工的人员佩戴与其相应的防护器具；超过一定规模危险性较大的分部分项工程应进行专家论证；应有针对风险源的应急预案及演练记录、炊事员有效健康证明、突发疾病、疫情的应急预案、安全标识。

（7）应通过技术进步改善工程施工环境及保障施工人员健康安全。

（8）针对量化指标所采取的技术、措施及优化方案对指标完成效果的影响等，应进行对比分析并形成报告。

7.3.3 环保与安全评价标准

（1）现场施工标牌应包括环境保护内容，施工现场应在醒目位置设环境保护标识。

（2）充分利用场区原有建筑物、构筑物、道路和管线；科学合理部署施工场地、临时道路及高空索道，绘制不同阶段的施工总平布置图，指导施工、减少资源浪费。

（3）施工现场的文物古迹和古树名木及所发现的地下文物资源应采取有效保护措施。

（4）资源保护应符合下列规定：

1）应保护场地四周原有地下水形态，减少抽取地下水。

2）基坑开挖采用地下水保护技术、隔水支护系统等措施保护场地周围原有地下水形态。优化深基坑施工方案，减少土方开挖和回填量；采用合理的降水方式，最大限度地减少对土地的扰动，利用科学的方法保护水土资源。

3）施工过程避免水土流失，保护生态环境；充分利用山地、荒地作为取、弃土场的用地；在生态脆弱的地区施工完成后，进行地貌复原。

4）现场施工有关节能环保要求的材料、设备应进行相关检验、检测及验收。

5）施工结束后进行所有红线内外临时占地的复垦、复绿等环境恢复措施。

6）利用施工现场的空闲地进行绿化，美化和保护环境。

7）220kV 及以上架空线路工程应采用张力放线方式展放导地线，张力放线的导引绳宜采用氦气球、飞艇、无人机、动力伞、直升机等悬空展放方式，采用人工放线时，应严格控制放线通道砍伐宽度，减少林木砍伐量。

8）在具备运输条件的杆塔基础尽量采用商品混凝土，商品混凝土公司的资质报监理审核通过后进场。

（5）人员健康应符合下列规定：

1）施工作业区和生活办公区应分开布置，生活设施应远离有毒有害物质。生活区应有专人负责，应有消暑或保暖措施。

2）从事有毒、有害、有刺激性气味和强光、强噪声施工的人员应佩戴与其相应的防护器具。

3）深井、密闭环境、防水和室内装修施工应有自然通风或临时通风设施。

4）现场危险设备、地段及危险品、化学品、有毒物品存放地应采取隔离措施，配置醒目安全标志，施工应采取有效防毒、防污、防尘、防潮、通风等措施。

5）对于化学品等有毒材料、油料的储存地，应有严格的隔水层设计，做好防渗漏及收集和处理工作。

6）厕所、卫生设施、排水沟及阴暗潮湿地带应定期消毒。

7）现场食堂应符合当地卫生管理部门要求，炊事员应持有效健康证明，个人卫生、操作行为应规范。

8）危险性较大的分部分项工程施工应确保安全，满足工程建设标准和相关管理要求，超过一定规模危险性较大的分部分项工程应进行专家论证和实施过程管理控制。

9）现场工人劳动强度和工作时间应符合国家相关规定。

10）饮用水管道应消毒处理，水质应检测合格。

11）生活垃圾应分类投放、合规处理。

12）建筑物室内采用的天然石材和带有放射性材料，其放射性指标应符合 GB 50325《民用建筑工程室内环境污染控制标准》。

（6）扬尘控制应符合下列规定：

1）现场应建立洒水清扫制度，配备洒水设备，并应有专人负责。

2）对裸露地面、集中堆放的土方应采取抑尘措施。

3）施工现场出口应设置洗车槽，运送土石方、渣土、垃圾、设备及建材等车辆必须采取封闭或遮盖措施控制扬尘。

4）易产生扬尘的施工作业（爆破工程、拆除工程、土方工程等）应采取有效防尘、抑尘或降尘措施。

5）拆除爆破作业应有降尘措施。

6）现场使用散装水泥、预拌砂浆应有密闭防尘措施。

7）回填土、砂子等进场后，临时用密目网或者苫布进行覆盖，控制一次进场量，边用边进，减少散发面积，用完后清扫干净。运土坡道要注意覆盖，防止扬尘。

8）场界安装空气质量监测设备，动态连续监测扬尘情况；采取自动扬尘监测与自动喷雾等降尘联动措施，降尘控制有效，有详实记录。

9）在禁止施工时间内严格执行有关禁止施工的规定。

（7）有害气体控制应符合下列规定：

1）进出场车辆及机械设备废气排放应符合 GB 38900《机动车安全技术检验项目和方法》要求。

2）不应使用煤作为现场生活的燃料，不应在现场燃烧废弃物。

3）母排、导线、构架等焊接、切割应在材料加工区统一制作完成，构件、预埋件等应统一集中焊接，减少零星焊接加工量，电焊烟气的排放应符合 GB 16297《大气污染物综合排放标准》的规定。

4）现场有害气体应经净化处理后排放，应符合 GB 3095《环境空气质量标准》的规定。

5）汽、油、烟、粉等设备、管道无内漏及外渗漏。

6）施工现场严禁焚烧各类废弃物。

7）工程竣工验收时，室内环境污染检测完毕，并符合国家现行标准限值。

（8）建筑垃圾处置应符合下列规定：

1）制定合理的建筑垃圾目标以及施工全过程垃圾减量化措施，采用有效的建筑垃圾监控措施。

2）建筑垃圾应分类收集、集中堆放。

3）垃圾桶应分为可回收物、干垃圾、湿垃圾、有害垃圾等，并应定期清运。

4）有毒有害废弃物的分类率应达到100%，对有可能造成二次污染的建筑废弃物应单独储存，并设置醒目标识。

5）保温防腐施工应采取措施减少对环境的污染，保温防腐施工产生的废弃物应及时清理并合法处置。

6）采用可再利用材料和可再循环材料，以及以建筑垃圾为原料生产的达标建筑材料。

7）建筑物料包装物及轻质易漂浮物等应及时回收，并按相关规定管理、利用和处理。

8）生活、办公用品宜循环利用，废品应回收。

9）碎石类、土石方类建筑垃圾宜用作地基和路基回填材料或破碎作为骨料使用。

10）应与有资质单位签订建筑垃圾处置协议。

（9）污水排放应符合下列规定：

1）现场道路和材料堆放场地周边宜设排水沟，现场做到雨污分流。

2）工程污水和试验室养护用水应经处理达标后排放。

3）现场厕所应设置化粪池，化粪池应定期清理。

4）施工现场污水和各种水处理、废水处理的废液排放应符合国家和地方的污染物排放标准，并定期检测排放情况，禁止采用溢流、渗井、渗坑或稀释等手段排放。

5）现场淤泥质渣土再利用或脱水后外运。

（10）光污染应符合下列规定：

1）焊接作业时，应采取挡光措施。

2）工地设置大型照明灯具时，应有防止强光线外泄的措施，透光方向应集中在施工范围内，光污染限值应满足 JGJ/T 163《城市夜景照明设计规范》的规定。

（11）噪声控制应符合下列规定：

1）应采用先进机械、不大于 55dB（A）的低噪声设备进行施工，机械、设备应根据其使用手册要求定期保养维护。

2）噪声较大的机械设备，应尽量远离施工现场办公区、生活区和周边住宅区。

3）现场施工机械、设备噪声、冲管、喷砂、喷丸、喷涂施工等强噪声源应采取降噪隔音与隔振措施，混凝土输送泵、电锯房、预制构件振动成型工位、大面积混凝土凿毛设备、空压机等应设有吸音降噪屏或其他降噪措施。

4）施工现场宜对噪声进行实时监测；施工场界环境噪声排放昼间不应超过 70dB（A），夜间不应超过 55dB（A）；吊车噪声排放昼间不应超过 65dB（A），夜间不应超过 55dB（A）；噪声测量方法应符合 GB 12523《建筑施工场界环境噪声排放标准》的规定。

5）周边有噪声敏感区时，应采用低噪声、低振动的机具进行施工，应设置动态连续噪声监测设施，在施工场界对噪声进行不定期监测与控制，现场噪声排放不得超过 GB 12523《建筑施工场界环境噪声排放标准》的规定，振动限值不得超过 GB 10070《城市区域环境振动标准》的规定，在禁止时间内停止产生噪声的施工作业。

（12）施工中，开挖土方应合理回填利用；长短腿设计的杆塔基础应采用分腿基础，减少土石方开挖和水土流失。

（13）生土、熟土分开堆放；回填时先回生土，后回熟土。

（14）主变压器、油浸式电气设备施工安装中无污染物产生，有采取控制环境污染的措施。

（15）施工机具设备加强保养维护，避免发生漏油、滴油。

（16）现场施工用电安全、可靠、清洁。

（17）实施成品保护应采取有效措施，防止对已完工的建筑工程、已进入或已安装的设备盘柜等造成损坏、污染。

（18）施工一次成优，未发生因质量问题引起的返工或缺陷处理。

7.3.4　量化限额控制指标

（1）节能与能源利用。

1）输变电工程建设用电指标不应大于同类工程用电指标的平均值。

2）节电设备（设施）配置率不应小于 80%。

（2）节地与土地资源利用。

1）临时设施占地面积不应大于同类工程的平均值。

2）临时设施占地面积有效利用率不应小于 90%。

（3）节水与水资源利用。

1）桩基或基础施工阶段用水量不应大于同类工程用水指标的平均值。

2）办公、生活区、生产作业区用水量不应大于同类工程用水量的平均值。

3）节水设备（设施）配置率应达到 100%。

（4）节材与材料资源利用。

1）钢材材料损耗率不应高于定额损耗率。

2）木材材料损耗率不应高于定额损耗率。

3）钢模板平均周转次数不应低于 35 次。

4）临时围挡等周转设备（料）重复使用率不应低于 70%。

5）就地取材在 500km 以内的占建筑材料总量的 95%以上。

6）建筑垃圾回收利用率应大于 30%。

（5）人力资源节约与职业健康安全。

1）总用工量节约率不低于定额用工量的 3%。

2）危险作业环境个人防护器具配置率 100%。

3）对身体有毒有害的材料及工艺使用前应进行检测和监测，并采取有效的控制措施。

4）对身体有毒有害的粉尘作业采取有效控制。

（6）环境保护。

1）建筑垃圾产生量小于 3000t，回收利用率应大于 30%。

2）噪声控制昼间不大于 70dB，夜间不大于 55dB。

3）水污染控制 pH 值在 6～9 内。

4）抑尘措施结构施工扬尘高度不大于 0.5m，基础施工扬尘高度不大于 1.5m。

5）光源控制达到环保部门规定。

6）工程弃渣不应大于同类工程弃渣指标平均值。

7）固体废弃物排放量低于标准值 50%。

8）未发生可燃废弃物燃烧处理。

9）不允许向水域中排放废水，废水处理率100%，回用率100%。

10）废水悬浮物处理标准应符合以下规定：①基坑废水悬浮物（SS）在500mg/L以下；②砂石料加工废水悬浮物（SS）在800mg/L以下；③水泥灌浆废水悬浮物（SS）在2000mg/L以下；④混凝土拌合冲洗废水悬浮物（SS）在800mg/L以下。

11）交流输电线路、变电站、换流站工频电场强度应符合GB 8702《电磁环境控制限值》要求，公众曝露控制限制为4kV/m；架空输电线路线下的耕地、园地、牧草地、畜禽饲养地、养殖水面、道路等场所的工频电场强度公众曝露控制限制为10kV/m，且应给出警示和防护指示标志。

12）交流输电线路、变电站、换流站工频磁感应强度公众曝露控制限制为100μT。

13）直流输电线路、换流站合成电场限值应符合GB 39220《直流输电工程合成电场限值及其监测方法》要求，80%的测量时间内累计百分合成电场绝对值（E80）控制限制为15kV/m，95%的测量时间内累计百分合成电场绝对值（E95）控制限制为25kV/m。

14）直流架空输电线路线下的耕地、园地、牧草地、畜禽饲养地、养殖水面、道路等场所的合成电场强度E95的限值为30kV/m，且应给出警示和防护指示标志。

15）输电线路、变电站、换流站等效连续A声级测试值等均不应大于设计值。

16）未发生因造成环境影响而引起的社会服务设备商、项目团队、社区、政府公共设施等各方投诉。

【思考题】

1. 变电站工程的绿色建造评价都有哪几个环节？
2. 输变电工程绿色建造关键指标包括哪几项？
3. 不同类型输变电工程电场强度、磁场强度的控制指标是如何规定的？

第 8 章

示范评选

本章围绕绿色建造示范评选工作，系统介绍了绿色建造相关绿色建造示范工程、绿色（工业）建筑、近零能耗建筑、零碳建筑等评选要求，围绕“绿色、智慧、融合”推出典型工程案例，指导各单位持续打造各类绿色建造示范工程，引领绿色建造水平全面提升。

8.1 评 选 要 求

8.1.1 绿色建造示范工程

1. 输变电工程绿色建造水平评价

输变电工程绿色建造水平评价由中国电力建设企业协会组织开展。按照安全优质、绿色低碳、经济高效、资源节约、环境和谐的绿色建造总体目标，在国网、南网、内蒙古电网各单位输变电工程项目中，组织开展绿色建造效果检查评价，选树示范工程。绿色建造水平评价结果由高到低为三星、二星、一星。

2. 工程建设项目绿色建造水平评价

工程建设项目绿色建造水平评价由中国施工企业管理协会组织开展。绿色建造水平是指结合工程所在地的资源、环境、政治、经济、文化等特点，在勘察设计、施工运营过程中的科技创新、人文协调及环境友好等方面推动绿色发展并取得显著社会、经济效益的水平。

依据 T/ZSQX 017《工程建设项目绿色建造水平评价标准》，适用于下列工程：工业建设工程、交通工程、水利工程、通信工程、市政园林工程、建筑工程。工程建设项目绿色建造水平评价包括绿色建造前期管理水平评价、绿色建造设计水平评价、绿色建造施工水平评价、绿色建造运营水平评价；项目绿色建造前期管理水平评价、绿色建造设计水平评价、绿色建造施工水平评价、绿色建造运营水平评价可独立开展单阶段评价。

工程建设项目绿色建造前期管理水平评价结论由高到低为一等成果、二等成果、三等成果；绿色建造设计水平评价结论由高到低为一等成果、二等成果、三等成果；绿色建造施工水平评价结果为三星、二星、一星。工程建设项目绿色建造水平评价在项目绿色建造前期管理水平评价、项目绿色建造设计评价、项目绿色建造施工评价后开展，对在建设单位统一管理协调下的绿色建造前期管理、绿色建造设计、绿色建造施工、绿色建造运营进行综合评价（当仅有部分评价阶段结果时，也可仅基于该部分评价阶段进行综合评价），评价结果为国际领先、国际先进、国内领先、国内先进。

3. 建设工程项目绿色建造竞赛

建设工程项目绿色建造竞赛由中国建筑业协会组织开展。为贯彻国家建设生态文明的大计方针，落实国家倡导的绿色发展要求，践行建设领域资源节约和环境保护的可持续发展战略。建设工程项目绿色建造竞赛活动倡导以人为本，促进建设工程全寿命周期的社会、环境、资源、经济和技术效益的最优化。通过竞赛活动提升建设工程的绿色化和智能化水平。

依据《建设工程项目绿色建造竞赛活动实施办法（2023 年修订）》，竞赛活动分为绿色施工和绿色建造两类竞赛活动。竞赛活动成果等级分为一等成果、二等成果和三等成果。原则上参加竞赛活动的项目一等成果比例不大于 20%，二等成果比例不大于 30%，三等成果比例不大于 50%。竞赛分为初赛、过程检查和决赛三个阶段。

绿色施工竞赛活动，参照 GB/T 50640《建筑工程绿色施工评价标准》执行。绿色施工竞赛活动是指从工程组织施工开始到工程竣工验收期间，在保证质量、安全等基本要求的前提下，遵循环境保护、资源节约、以人为本、因地制宜的原则，通过科学管理和技术进步，在绿色施工组织、管理、实施等方面开展的竞赛工作。

绿色建造竞赛活动，参照 T/CCIAT 0048《建筑工程绿色建造评价标准》执行。绿色建造竞赛活动是指从工程立项到竣工验收完成期间，在保证工程质量和安全的前提下，着眼于建筑全寿命周期，通过科学管理和技术创新，采用有利于节约资源、保护环境、减少排放、提高效率、保障品质的建造方式，在绿色建造组织、管理、实施等方面开展的竞赛工作。

参赛的建设工程项目应符合下列条件：

（1）工程建设手续齐全，程序合法合规。竞赛活动得到工程各相关方的支持与配合。

（2）房屋建筑类工程建筑面积在 2 万 m^2 以上，市政基础设施及其他工程造价在 1 亿元人民币以上，具有特色的工程和偏远地区可适当放宽。

（3）能够结合工程亮点、地域性、项目功能特点，组织绿色建造技术研发和管理创新。

（4）绿色建造类型，项目应在签订工程总承包合同或设计阶段完成申报。

（5）绿色施工类型，项目应在签订施工总承包合同或基础施工阶段完成申报。

8.1.2 绿色（工业）建筑

1. 绿色建筑

在全寿命周期内，节约资源、保护环境、减少污染，为人们提供健康、适用、高效的使用空间，最大限度地实现人与自然和谐共生的高质量建筑。

依据 GB/T 50378《绿色建筑评价标准》，适用于民用建筑绿色性能的评价，评价星级包括基本级、一星级、二星级、三星级。

2. 既有建筑绿色改造

以节约能源资源、改善人居环境、提升使用功能等为目标，对既有建筑进行维护、更新、加固等活动。

依据 GB/T 51141《既有建筑绿色改造评价标准》，适用于既有建筑绿色改造评价，评价星级包括一星级、二星级、三星级。

3. 绿色工业建筑

在建筑的全寿命周期内，能够最大限度地节约资源（节地、节能、节水、节材）、减少污染、保护环境，提供适用、健康、安全、高效使用空间的工业建筑。

依据 GB/T 50878《绿色工业建筑评价标准》，适用于新建、扩建、改建、迁建、恢复的建设工业建筑和既有工业建筑的各行业工厂或工业建筑群中的主要生产厂房、各类辅助生产建筑的评价。评价星级包括一星级、二星级、三星级。

8.1.3 近零能耗建筑

1. 近零能耗建筑概述

我国正处在城镇化快速发展时期，经济社会快速发展和人民生活水平不断提高，导致能源和环境矛盾日益突出，建筑能耗总量和能耗强度上行阻力不断加大。实施能源资源消费革命发展战略，推进城乡发展从粗放型向绿色低碳型转变，对实现新型城镇化、建设生态文明具有重要意义。

在全球齐力推动建筑节能工作迈向下一阶段中，很多同家提出了相似但不同的定义，主要有超低能耗建筑、近零能耗建筑、（净）零能耗建筑，也相应出现了一些具有专属技术品牌的技术体系，如德国“被动房”技术体系等。

迈向零能耗建筑的过程中，根据能耗目标实现的难易程度表现为三种形式，即超低能耗建筑、近零能耗建筑及零能耗建筑，属于同一技术体系。其中，超低能耗建筑节能水平略低于近零能耗建筑，是近零能耗建筑的初级表现形式；零能耗建筑能够达到能源产需平衡，是近零能耗建筑的高级表现形式。

近零能耗建筑：适应气候特征和场地条件，通过被动式建筑设计最大幅度降低建筑供暖、空调、照明需求，通过主动技术措施最大幅度提高能源设备与系统效率，充分利用可再生能源，以最少的能源消耗提供舒适室内环境，且其室内环境参数和能效指标符合相关要求，其建筑能耗水平应较 GB 50189《公共建筑节能设计标准》和 JGJ 26《严寒和寒冷地区居住建筑节能设计标准》、JGJ 134《夏热冬冷地区居住建筑节能设计标准》、JGJ 75《夏热冬暖地区居住建筑节能设计标准》降低 60%～75%。

超低能耗建筑：超低能耗建筑是近零能耗建筑的初级表现形式，其室内环境参数与近零能耗建筑相同，能效指标略低于近零能耗建筑，其建筑能耗水平应较 GB 50189《公共建筑节能设计标准》和 JGJ 26《严寒和寒冷地区居住建筑节能设计标准》、JGJ 134《夏热冬冷地区居住建筑节能设计标准》、JGJ 75《夏热冬暖地区居住建筑节能设计标准》降低 50%以上。

零能耗建筑：零能耗建筑能是近零能耗建筑的高级表现形式，其室内环境参数与近零能耗建筑相同，充分利用建筑本体和周边的可再生能源资源，使可再生能源年产能大于或等于建筑全年全部用能的建筑。

2. 评价方法

主要依据 GB/T 51350《近零能耗建筑技术标准》开展相关评价工作，评价应贯穿设计、施工及运行全过程。当未达到近零能耗建筑能效指标要求时，应进行超低能耗建筑评价；当优于近零能耗建筑能效指标要求，且符合相关规定时，应进行零能耗建筑评价。能效指标评价计算应采用与性能化设计相同的计算软件。

（1）施工图设计文件审查通过后，应进行施工图审核和建筑能效指标核算，并应符合下列规定：

1）施工图审核应重点核查围护结构关键节点构造及做法和采取的节能措施等，并应符合下列规定：围护结构关键节点构造及做法应符合保温及气密性要求；应采用新风热回收系统。

2）居住建筑应核算供暖年耗热量、供冷年耗冷量、可再生能源利用率和建筑能耗综合值，并应满足相关要求。

3）公共建筑应核算建筑本体节能率、可再生能源利用率和建筑综合节能率，并应满足相关要求。

（2）建筑竣工验收前，应对下列内容进行评价：

1）应对建筑气密性进行检测。

2）应对围护结构热工缺陷进行检测，受检内表面因缺陷区域导致的能耗增加比值应小于 5%，且单块缺陷面积应小于 $0.3m^2$。当受检内表面的检测结果满足时，应判为合格，否则应判为不合格。

3）应对新风热回收装置性能进行检测，并应符合下列规定:

对于额定风量大于 $3000m^3/h$ 的热回收装置，应进行现场检测。检测方法及检测结果应符合相关规定。

对于额定风量不大于 $3000m^3/h$ 的热回收装置应进行现场抽检，送至实验室检测。同型号、同规格的产品抽检数量不得少于 1 台；检测方法应符合 GB/T 21087《热回收新风机组》规定，检测结果应符合相关的规定。对于获得高性能节能标识（或认证）且在标识（或认证）有效期内的产品，提供证书可免于现场抽检。

4）应按 GB 50411《建筑节能工程施工质量验收标准》对外墙保温材料、门窗等关键产品（部品）进行现场抽检，其性能应符合设计要求。对获得高性能节能标识（或认证）且在标识（或认证）有效期内的产品，提供证书可免于现场抽检。

5）若施工阶段影响建筑能耗的因素发生改变，则应按相关标准进行重新核算。

（3）建筑投入正常使用一年后，应对公共建筑进行室内环境检测和运行能效指标评估，并宜对居住建筑进行室内环境检测和运行能效指标评估。

（4）室内环境检测参数应包括室内温度、湿度、热桥部位内表面温度、新风量、室内 PM2.5 含量和室内环境噪声；公共建筑室内环境检测参数还宜包括 CO_2 浓度和室内照度。检测结果应符合设计要求。

（5）运行能效指标评估应符合下列规定：

1）评估时间应以一年为一个周期。

2）公共建筑应以建筑综合节能率为评估指标，且应直接采用分项计量的能耗数据，并对其计量仪表进行校核后采用。

3）居住建筑应以建筑能耗综合值为评估指标，并以栋或典型用户电表、气表等计量仪表的实测数据为依据，经计算分析后采用。

8.1.4 零碳建筑

1. 零碳建筑概述

按照国家 2030 年前碳达峰、2060 年前碳中和目标，降低建筑用能需求，提高能源利用效率，营造健康舒适的建筑室内环境，发展可再生能源和零碳能源建筑应用，引导建筑和以建筑为主要碳排放的区域逐步实现低碳、近零碳、零碳排放，明确新建与既有改造的低碳、近零碳、零碳建筑与区域的设计、建造、运行和判定要求，具有重要的意义。

低碳建筑：适应气候特征与场地条件，在满足室内环境参数的基础上，通过优化建筑设计降低建筑用能需求，提高能源设备与系统效率，充分利用可再生能源和建筑蓄能。

近零碳建筑：适应气候特征与场地条件，在满足室内环境参数的基础上，通过优化建筑设计降低建筑用能需求，提高能源设备与系统效率，充分利用可再生能源和建筑蓄能，符合相关规定的建筑。

零碳建筑：适应气候特征与场地条件，在满足室内环境参数的基础上，通过优化建筑设计降低建筑用能需求，提高能源设备与系统效率，充分利用可再生能源和建筑蓄能，在实现近零碳建筑基础上，可结合碳排放权交易和绿色电力交易等碳抵消方式，符合相关要求的建筑。

全过程零碳建筑：在满足零碳建筑技术指标的基础上，通过采用低碳建材、低碳结构形式和材料减量化设计，可结合碳排放权交易和绿色电力交易等碳抵消方式，建筑建材、建造和运行全过程的总碳排放量不大于零的建筑。

2. 检测与判定

建筑和区域的降碳水平应通过碳排放指标判定。判定建筑和区域设计降碳水平，应以设计文件为依据；判定建筑和区域运行降碳水平，应以检测结果作为计算依据进行判定。低碳、近零碳、零碳建筑和区域的判定应以年为周期，全过程零碳建筑的判定应以设计使用年限为周期。

（1）检测与监测。

1）参与运行判定的建筑和区域应进行检测和监测，检测和监测内容应包含室内环境、建筑和区域能耗、可再生能源等。

2）建筑室内环境检测应包括温度、湿度、照度、室内环境噪声、二氧化碳。

3）建筑和区域能耗监测应包含运行过程中全部能源消耗。

4）可再生能源监测应包含光伏系统发电、太阳能热水等。

（2）核算。

1）低碳、近零碳、零碳建筑碳排放应按建筑运行阶段核算，全过程建筑碳排放应按建筑材料生产运输、建造、运行、拆除阶段核算。

2）区域碳排放核算应包含区域内建筑、市政、交通及其他能源消耗产生的碳排放量和区域内可再生能源发电及碳汇降碳量，并应扣除输送至区域外部的能源产生的碳排放。

3）建筑和区域碳排放计算所采用的电力排放因子取值应为 0.5kgCO_2/kWh。

（3）判定。

1）建筑物与区域的判定应符合相关技术指标要求，并应符合下列规定：

a．当达到低碳建筑或低碳区域指标要求时，进行低碳建筑或低碳区域判定。

b．当达到近零碳建筑或近零碳区域指标要求时，进行近零碳建筑或近零碳区域判定。

c．当达到零碳建筑或零碳区域指标要求时，进行零碳建筑或零碳区域判定。

d．当达到全过程零碳建筑指标要求时，进行全寿命周期零碳建筑判定。

2）建筑设计判定应具备下列条件：

a．建筑施工图设计审查通过。

b．建筑碳排放技术指标相关计算和证明文件齐全。

3）区域设计判定应具备下列条件：

a．区域应具有控制性详细规划和修建性详细规划。

b．区域内获得方案批复的建筑面积不应低于判定区域总建筑面积的 60%。

c．当区域分批次建造时，应制定设计评价后不少于三年的实施方案。

4）建筑运行判定应符合下列规定：

a．建筑竣工并在建筑使用面积不低于判定面积 60%的情况下正常运行一年以上。

b．建筑使用面积为判定面积的 60%～80%时，采用运行数据折算后判定。

c．建筑使用面积高于判定面积 80%时，可采用运行数据直接判定。

d．居住建筑以栋或典型用户电表、气表等计量仪表的实测数据为依据，经计算分析后满足相关的要求。

e．公共建筑应采用分项计量的能耗数据，经计算分析后满足相关的要求。

5）区域运行判定应符合下列规定：

a．区域内主要道路、管线、公共服务、绿地等基础设施应建成并投入使用。

b．投入使用建筑面积不应低于判定区域总建筑面积的 60%，且正常运行满一年后进行。区域投入使用的建筑面积为判定区域总建筑面积的 60%～80%时，采用运行数据折算后判定。

c．区域投入使用的建筑面积高于判定区域总建筑面积的 80%时，可采用运行数据直接判定。

d．区域以总电表、气表等计量仪表实测数据为依据，经计算分析后满足相关的要求。

6）当设计建筑满足相关的低碳建筑碳排放指标，并满足下列条件时，可判定为近零碳建筑：

a．建筑负荷柔性调节具备的单次调节能力，且最大调节功率不小于基线功率的 20%，调节电量比例不小于基线电量的 20%。

b．建筑柔性响应时间不大于 300s，响应速率不小于可调节负荷容量的 15%/min，持续调节时间不小于 1h。

c．通过建筑电气化替代和减少化石能源使用，且建筑电气化率不低于 90%。

7）当设计建筑满足相关的近零碳建筑碳排放指标，并满足下列条件时，可判定为零碳建筑：

a．建筑负荷柔性调节具备的单次调节能力，最大调节容量不小于基线功率的 50%，调节电量比例不小于基线电量的 50%。

b．建筑负荷柔性调节具备的连续调节能力，调节功率偏差不大于目标功率的 20%，调节电量偏差不大于理论调节电量的 10%。

c．建筑柔性响应时间不大于 120s，响应速率不小于可调节负荷容量的 15%/min，持续调节时间不小于 2h。

d．建筑全部用能由非化石能源提供，且建筑电气化率为 100%。

8.2 典型工程案例

注重示范引领，解决立足工程建设实际绿色赋能、减负增效不显著的问题，围绕“策划、设计、施工、移交、评价、评选”全过程，对公司投资的 35kV 及以上新开工输变电工程全面实施绿色建造，优中选优，打造一批绿色建造示范工程。

8.2.1 绿色建设典型工程案例——沭河 500kV 变电站工程

建设单位按照“过程建示范，投产创精品”总体思路，根据输变电工程绿色建造评价指标，开展设计、施工、移交三个阶段关键节点绿色建造评价，重点检查工程建设绿色建造相关要求落实情况。结合达标投产复检对投产工程进行绿色建造复评，检查各工程设计、施工、移交阶段自评情况，确保绿色建造评价合格率达 100%，绿色优质达标率不低于 85%。打造中国电力建设企业协会、中国施工企业管理协会等绿色建造示范星级工程——沭河 500kV 变电站工程。

1．工程概况

沭河 500kV 变电站工程位于“红色文化”革命根据地临沂市莒南县，是山东省投运的第 59 座 500kV 变电站，是山东省政府 2020 年重点工程，还是国家“西电东送”的重要消纳通道。工程于 2020 年 6 月 20 日正式开工，于 2021 年 10 月 31 日投产。全站总用地面积 4.21 公顷，总建筑面积 1212m^2。本期建设 1000MVA 主变压器 2 组；500kV 出线 6 回，220kV 出线 8 回；60Mvar 并联电容器 6 组，60Mvar 并联电抗器 5 组。沭河 500kV 变电站全景如图 8.2-1 所示。

图 8.2-1 沭河 500kV 变电站

2. 绿色策划

工程坚定“安全优质、绿色低碳、经济高效、资源节约、环境和谐”的电网绿色建造工作目标，执行省公司“四个一”绿色建造全过程管理模式，将变电工程绿色建造融入工程建设全过程，绿色示范引领，从策划、设计、施工、移交等全过程，全面打造绿色建造示范工程。沭河 500kV 变电站“四个一” 绿色建造全过程管理模式示意图如图 8.2-2 所示。

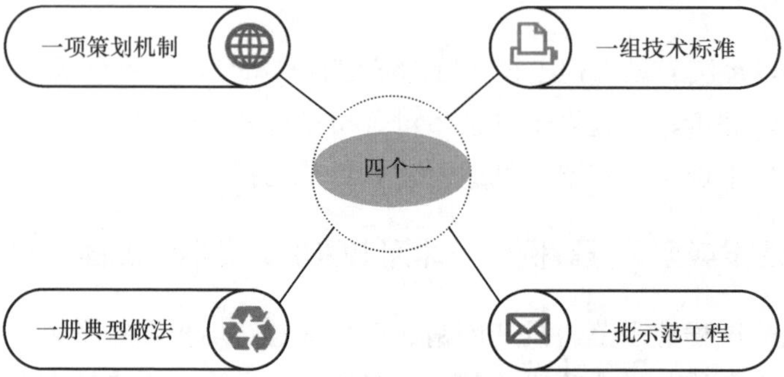

图 8.2-2 “四个一” 绿色建造全过程管理模式示意图

（1）建立绿色建造实施组织机构。工程开工前，建设单位编制绿色施工策划书，建立绿色建造实施组织机构，明确人员责任及分工，将绿色施工设计及施工策划的现场实施纳入月度专项检查项目，常态化开展绿色建造巡查、过程监督工作。

（2）全维度开展绿色策划。根据建设单位绿色策划，设计、监理、施工分别编制方案、措施、细则等，明确标准及措施要求，规范绿色建造内容。全维度绿色策划内容如图 8.2-3 所示。

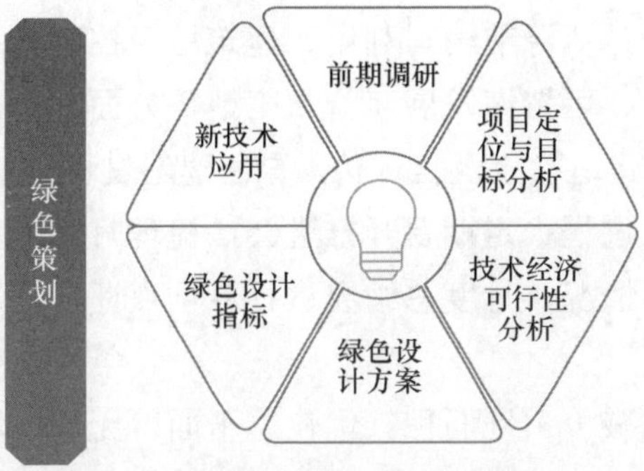

图 8.2-3 全维度绿色策划内容

（3）注重绿色建造源头设计把控。按照工程绿色策划方案，注重绿色建造源头把控，从站区分区布置、竖向布置、电气设备选型、建造材料选取、站区设施选择、BIM 技术应用、新技术研究等方面，从设计源头落实绿色建造措施。绿色建造前期工程工作流程如图 8.2-4 所示。

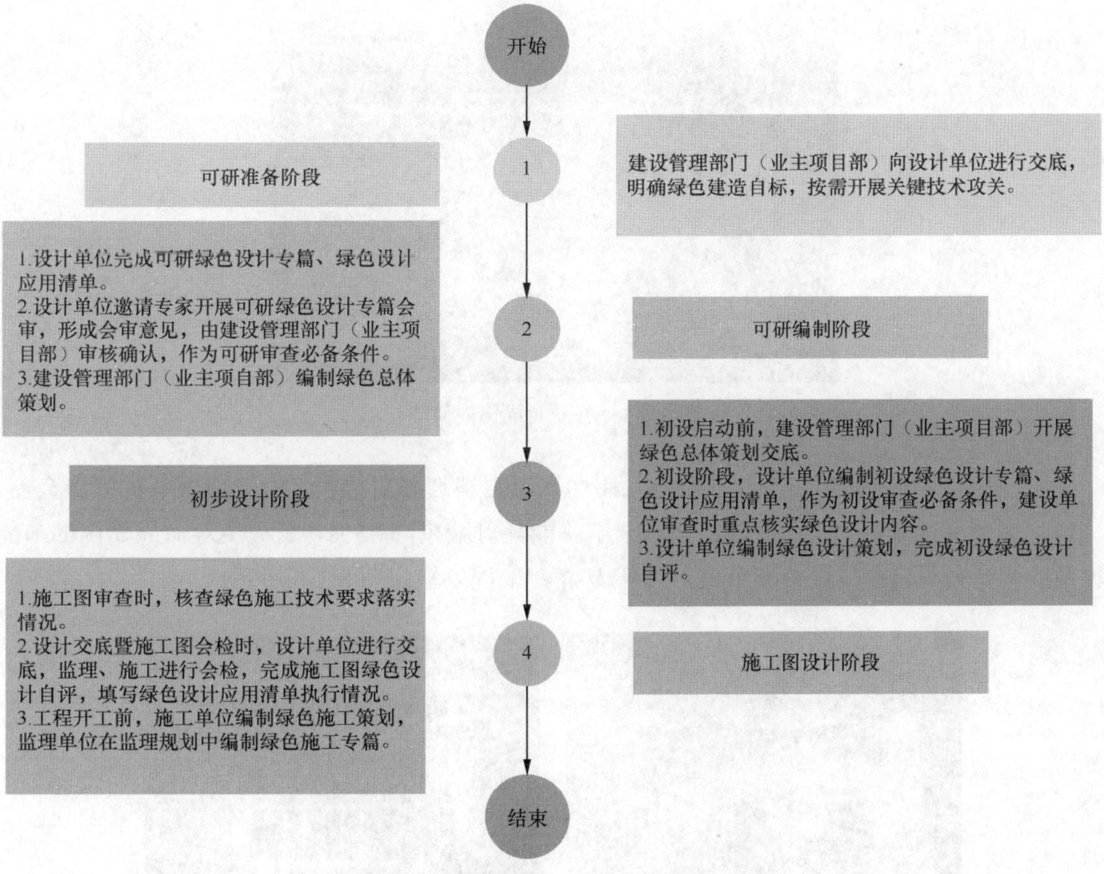

图 8.2-4 绿色建造前期工程工作流程图

（4）强化绿色建造现场管控。结合工程建设阶段主要施工要素，从临建搭设及使用、施工组织管理、生态环境保护、资源节约与利用、建筑垃圾控制与利用、水资源节约与利用、能源节约与利用、技术创新、可持续发展、智慧工地等方面细化落实绿色建造措施。

（5）加强建设过程绿色建造检查及自评价。绿色建造过程以《输变电工程绿色建造指引》为依据指导绿色建造；施工过程中定期召开推进会，梳理月度绿色施工管控清单，通过月度检查核查绿色施工措施执行情况，月度总结会进行专项点评，定期开展绿色建造自评价。

3. 绿色设计

（1）优化总平面布置，减少占地面积。优化总平面、无功区域及站内建筑布置，围墙内占地仅 3.4990 公顷（约 52.485 亩），较可研减少占地面积 0.101 公顷（约 1.52 亩），全省同等规模变电站占地较少，节省征地及土方投资约 52 万元。

（2）优化竖向布置，节约资源，方便施工。充分考虑站址位于丘陵地区，地势东高西低的特点，按挖填平衡原则确定站址标高，减少土石方工程量的同时，填方区高度降低，采用更经济的换填地基方案。站区边坡结合站区周边地势，采用混凝土护坡和挡土墙相结合的方案，便于排水，节约用地。图 8.2-5 为总平面优化效果图。

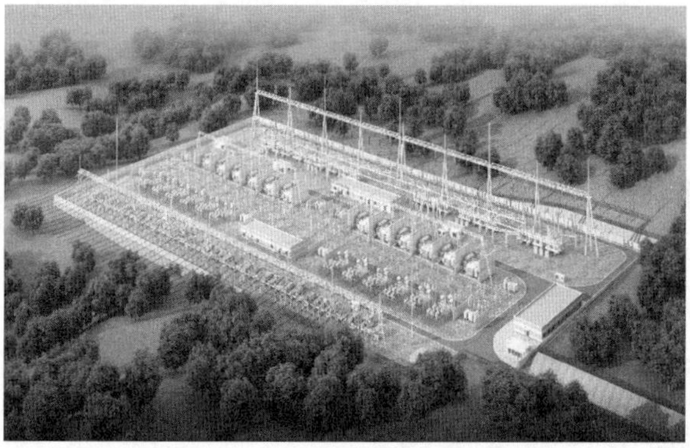

图 8.2-5　总平面优化效果图

（3）工程外墙采用节能型维护结构、屋面保温材料选择岩棉板、中空玻璃断桥铝合金窗、LED 灯具等节能设备，节能降耗。全站全年总能耗可减少约 35%，工程全寿命周期内的节能效果显著提高，充分体现资源节约、环境友好。工程外墙如图 8.2-6 所示。

图 8.2-6　工程外墙

（4）实现三维设计VR工程现场沉浸式交底。在沭河500kV变电站设计过程中，应用国际领先的三维设计平台——博超系列软件进行全站数字化设计，在山东省内500kV变电站工程首次实现三维设计VR工程现场沉浸式交底，如图8.2-7所示。

图8.2-7 三维设计VR工程现场沉浸式交底

（5）基于BIM技术的施工仿真模拟。工程采用基于Revit平台的博超软件三维设计，全专业在同一平台上进行各专业协同的三维数字化设计，实现设计内容数字化、可视化，如图8.2-8所示。同一平台实现全专业间检碰，提高设计效率和质量的同时，为现场施工提供协助。

图8.2-8 基于BIM技术的施工仿真模拟图

（6）全面优化全站构支架设计方案。构架设计采用自主研发的软件《基于SAP2000的变电构架一站式设计软件》，开发了局部精细化柱头节点与构架整体模型联合仿真的分析方法，解决了柱头局部模型数值分析边界条件不易确定及精度不足难题，提高钢材整体利用效率，提升构架设计效率。图8.2-9为局部精细化柱头节点与构架整体模型联合仿真图。

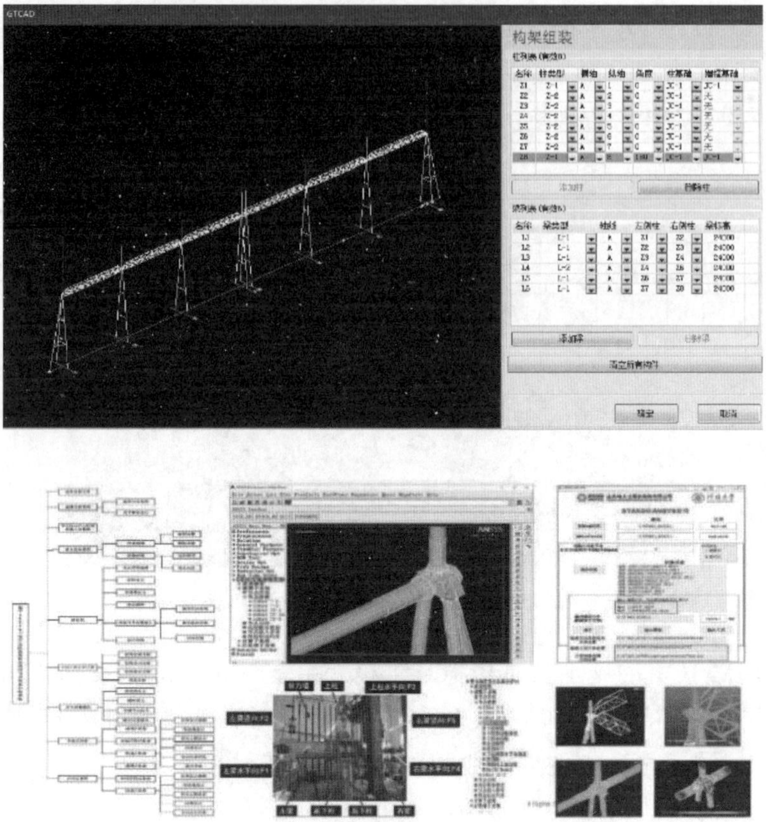

图 8.2-9　局部精细化柱头节点与构架整体模型联合仿真图

（7）预测噪声水平，优化降噪方案。选用低噪声设备，合理布置总平面，并通过 SoundPLAN 对站区噪声预测，采取加高局部围墙降噪方案，变电站本期及远景站界噪声排放满足 GB 12348《工业企业厂界环境噪声排放标准》2 类夜间 50dB（A）的限值标准的要求。站区噪声预测如图 8.2-10 所示。

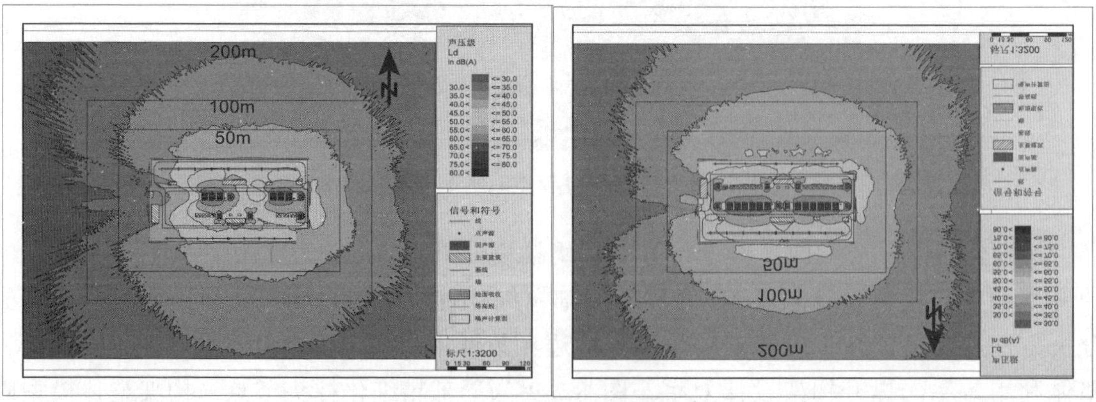

图 8.2-10　站区噪声预测

（8）优化预制光缆技术。采用双端预制光缆（如图 8.2-11 所示），取消现场熔接，现场即插即用，现场接线时间节省 60%。将主变压器保护柜到智能控制柜的光缆根据双重化配置原则汇总成 2 根预制光缆，分别引至智能控制柜，实现起点、终点为同一间隔的多根光缆整合电气材料的节约利用，电气安装时多余的螺栓、铜缆、电缆及时地进行归类回收，以备二次利用。电气设备带来的辅助构件，尽可能地回收再利用。

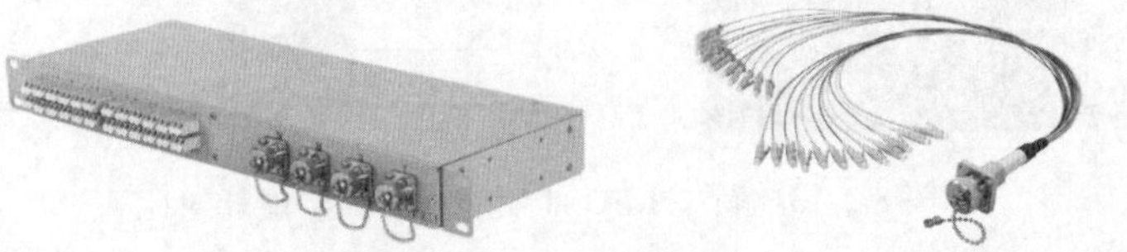

图 8.2-11　双端预制光缆

（9）设计阶段，主变压器、站用变压器等设备选用节能产品，降低变压器损耗，与常规设备相比，铜损降低 15%，铁损降低 30%，能量损耗显著降低。图 8.2-12 为变压器设计图。

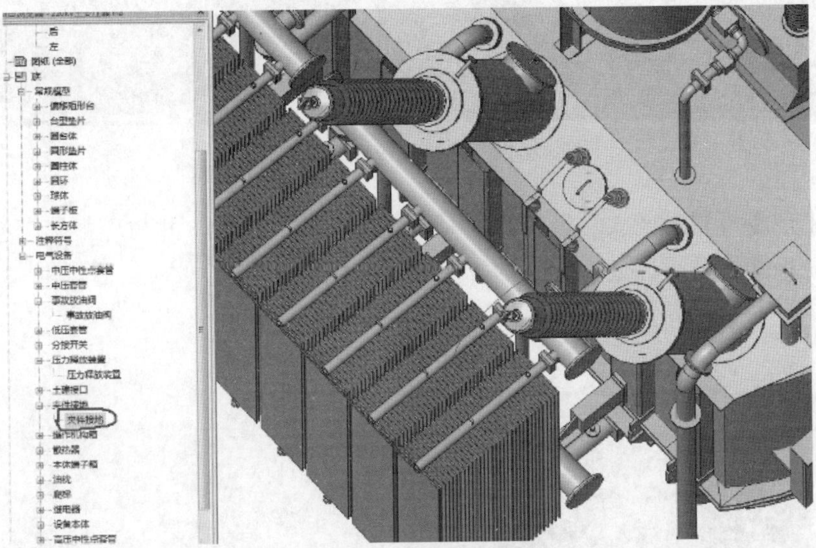

图 8.2-12　变压器设计图

（10）利用新型 LED 照明灯具，替换原有金卤灯、荧光灯照明设计，节能率在 55% 左右。利用智能照明进行照明资源合理安排；在辅助建筑、用房、走廊等人员使用频次较高的房间采用导光管照明系统。通过使用新型灯具和智能照明控制系统，达到充分利用清洁能源、减少耗电、节约成本的目的。新型 LED 照明灯具及其年能耗对比如图 8.2-13 所示。

4. 绿色施工

（1）项目临建办公及生活区采用预制舱形式，减少耕地破坏面积，节约用地，增加周转次数。地面硬化改用花砖铺设，可循环利用，花园式布置，与周边环境有机结合，提高绿化种植率。项目临建办公及生活区如图 8.2-14 所示。

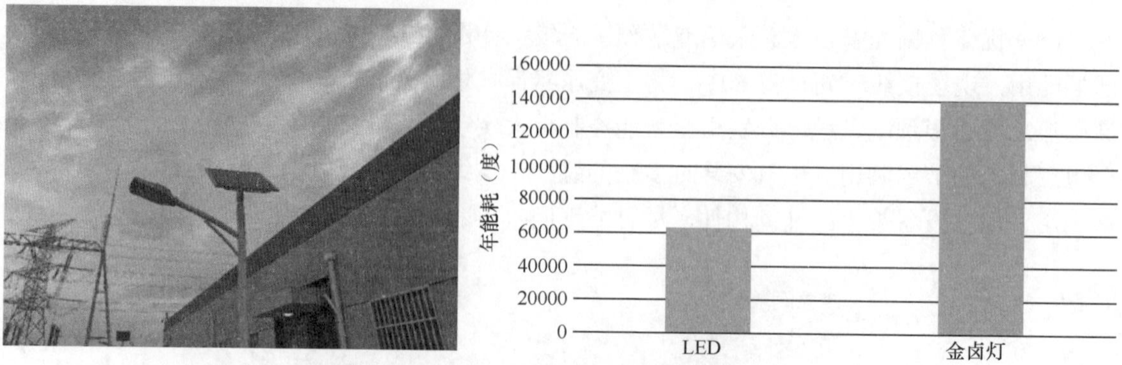

图 8.2-13　新型 LED 照明灯具及其年能耗对比

图 8.2-14　项目临建办公及生活区

（2）施工现场设置封闭式垃圾容器，对垃圾进行分类回收，并与环卫部门签订垃圾处理协议，确保垃圾清运及时、处理得当，如图 8.2-15 所示。

图 8.2-15　施工现场封闭式垃圾容器及垃圾处理协议

（3）采用移动式新能源雾炮洒水一体车，灵活解决现场零散区域扬尘污染，如图 8.2-16 所示。进站大门设置自动车辆冲洗装置，解决车辆运输易产生扬尘、携带泥沙等问题，有效降低施工现场和周边环境扬尘污染。现场设置扬尘及 PM2.5 监测设备实时监测空气质量，沿围墙设置雾化除湿系统，抑制场地扬尘，营造健康有序的施工氛围。

（4）施工过程中根据工程特点，结合施工工序，利用永久性构筑物及绿色环保创新成果形成一套站内雨水收集施工技术，相关设施如图 8.2-17 所示。优先施工站内主变压器挡油池、排油管道及事故油池，在现场制作三级沉淀池，雨水经挡油池收集排至事故油池，将事故油池内的雨水抽入三级沉淀池内沉淀之后可用于砂浆搅拌、洗车降尘机、混凝土养护、项目部厕所用水，有效地节约了施工用水及其他用水，符合绿色环保趋势。

图 8.2-16　新能源洒水车

图 8.2-17　站内雨水收集设施

（5）钢筋加工棚、木工加工棚等采用装配式工棚（如图 8.2-18 所示），安装方便、周转灵活可循环利用，减少材料损耗。模板余料制作成品保护罩，有效解决成品磕碰。

图 8.2-18　施工现场装配式工棚

（6）开工伊始首先对站内道路基层施工，将其作为临时施工道路，待工程建成后投运前最后将道路面层施工完成，永临结合方式省去了施工道路的施工过程。同时，现场采用预制电缆沟盖板，节材环保。

（7）土方开挖阶段，采用钢板桩支护保护场地四周原有状态，保持水土平衡。危险品、化学品存放处及污物排放应采取隔离措施。土方开挖阶段水土保持措施如图 8.2-19 所示。危险品、化学品存放处如图 8.2-20 所示。

图 8.2-19　土方开挖阶段水土保持措施

图 8.2-20　危险品、化学品存放处

（8）现场采用标准化小型预制构件（如图 8.2-21 所示），预制检查井、雨水井、预制支架、室外灯具基础等代替传统现浇混凝土构件，减少现场湿作业，提高施工效率，提高通用性，模板可周转使用。

图 8.2-21　工程现场标准化小型预制构件

（9）现场应用大体积混凝土智慧养护系统（如图 8.2-22 所示），在混凝土内部预埋冷凝管和无线测温装置，对混凝土内部温度进行主动调控；外部通过搭设暖棚实现对外部环境的主动调控，实现大体积混凝土的智慧养护，节约用水，实现绿色施工。

图 8.2-22　工程现场大体积混凝土智慧养护系统

（10）建筑物外墙悬挂爬架网片（如图 8.2-23 所示），安全隔离，提高周转次数，有效抑尘，绿色环保。场地采用防尘绿网覆盖，严格落实绿色施工措施。

图 8.2-23　工程现场建筑物外墙爬架网片

（11）现场材料运输采用小型电动运输车，轻便快捷，可穿梭于楼内各个房间，极大地提高了砂浆等材料运输效率，并且无排放，适合室内使用。回填土采用小型压路机及平板震动夯，确保回填质量，提高工作效率。工程现场小型施工车辆如图 8.2-24 所示。

图 8.2-24　工程现场小型施工车辆

（12）建筑物墙体抹灰采用喷浆机及智能抹灰机（如图 8.2-25 所示），提高了机械化利用率，降低了墙面空鼓率，摆脱了对技术工种的依赖，提高了工人有效作业时间，减少了工人数量。

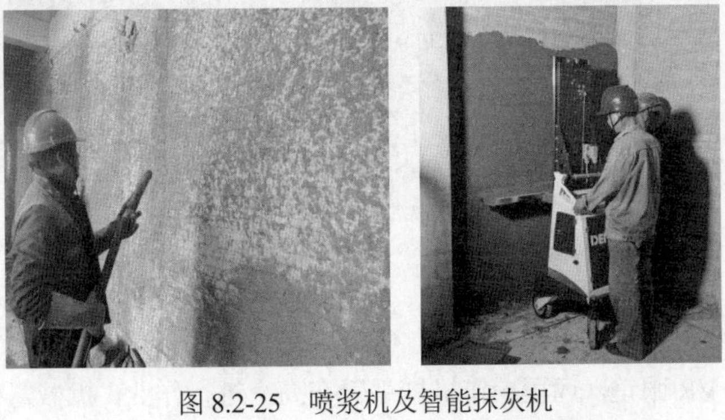

图 8.2-25　喷浆机及智能抹灰机

（13）主控室、保护室等房间均采用一级能耗空调（如图 8.2-26 所示），并配置远程启停系统，有效降低站内能耗。开关张贴节约用电标识，提升节电意识，响应节电号召。

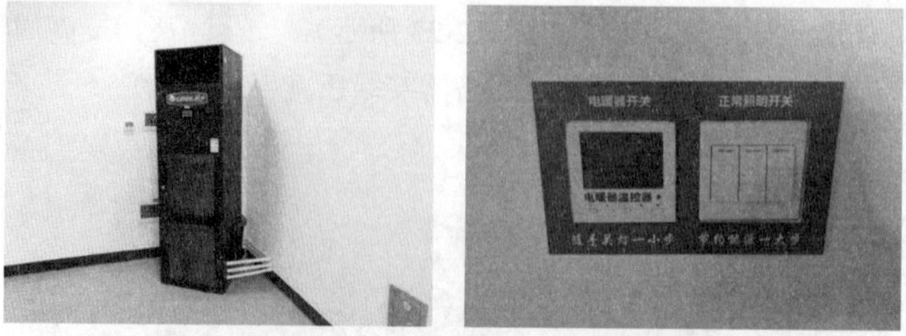

图 8.2-26　工程现场房间一级能耗空调

（14）应用变电油气处理设备集中监控系统（如图 8.2-27 所示），此监控系统集成变压器油气处理于一体，并实时上传于智能监控系统，便于操作人员实时监控油气处理状态，避免漏油对水土污染，同时大幅减少了人工。

图 8.2-27　变电油气处理设备集中监控系统

（15）电气阶段优化组屏方案，保护、测控装置下放布置，节省全站 30%的屏位和 46%的缆材。利用预制电缆，减少材料损耗，无需光缆熔接，即可实现一次设备与二次设备、二次设备间的标准化连接，如图 8.2-28 所示。

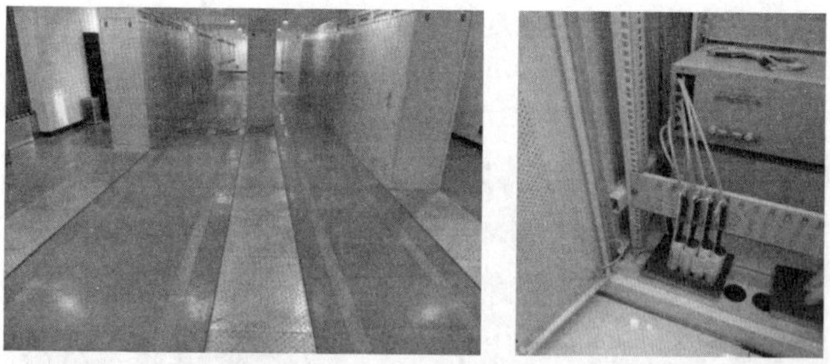

图 8.2-28　一次设备与二次设备、二次设备间的标准化连接

（16）自主研发体感遥控高空机械手臂（如图 8.2-29 所示），操作人员通过穿戴动作感知外骨骼，佩戴沉浸式 VR 眼镜，远程操作机械手臂在高空进行作业，机械臂会完全复制操作人员的动作，操作人员在 VR 眼镜中犹如自己在高空中一样。设备即穿即用，无需复杂的操作，同时也避免了人员操作不当对设备造成损坏。该机械臂的使用，极大提高了高空作业的安全性，消除了人员进入高空尤其是高空带电作业的安全隐患，节省了脚手架搭设及操作人员数量。

图 8.2-29 体感遥控高空机械手臂

（17）应用 SF_6 自动充气装置（如图 8.2-30 所示），实现 GIS 智慧充气集成远端控制，当 SF_6 达到设定值时自动停止注气，实现了自动、智能充气，防止 SF_6 气体污染。

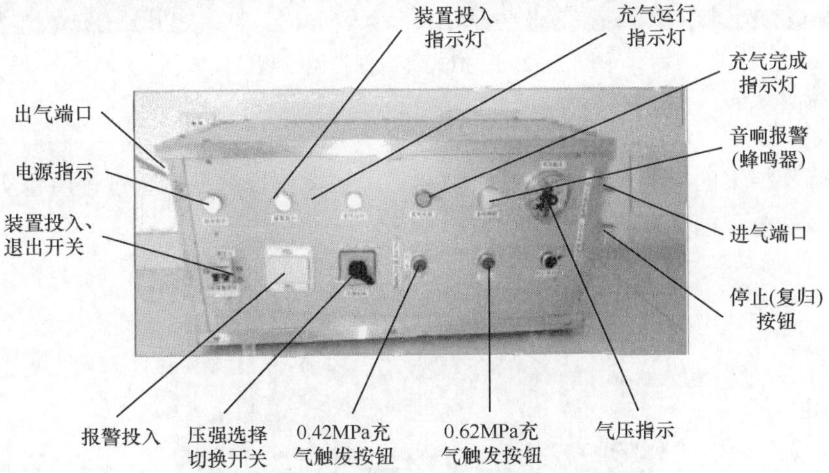

图 8.2-30 SF_6 自动充气装置

（18）应用腕带式无线极性测试仪（如图 8.2-31 所示），实现 CVT/PT 极性测试功能，使得高压设备一次侧实现无人操作，避免了人员触碰高电压设备，试验安全性大幅提高。

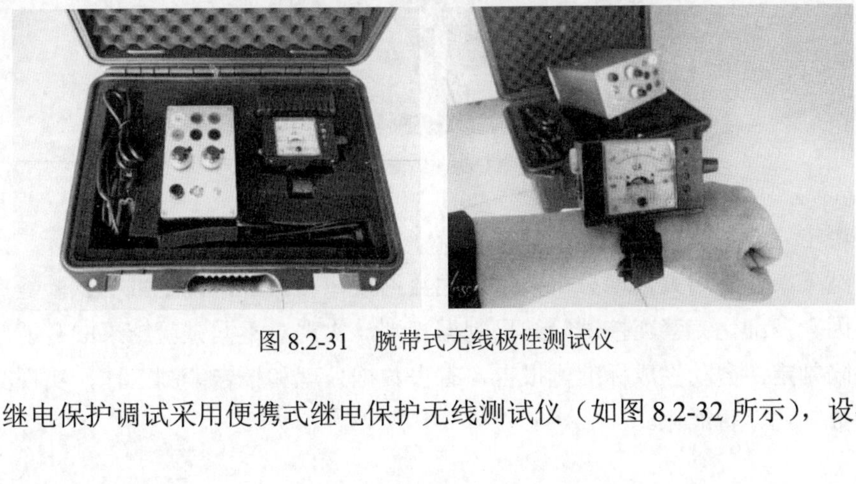

图 8.2-31 腕带式无线极性测试仪

（19）继电保护调试采用便携式继电保护无线测试仪（如图 8.2-32 所示），设备功能更加精简且全面，能输出3路正弦交流电压及6路正弦交流电流，且相位可调，保护调试人员使用更加简便；采用锂电池供电，充满电最多可供一天调试使用，且设备的运行不受施工电源限制；无线平板控制，调试人员可远程控制交流输出及输出量的大小，无需在设备与试验点之间频繁走动，有效提高了工作效率。

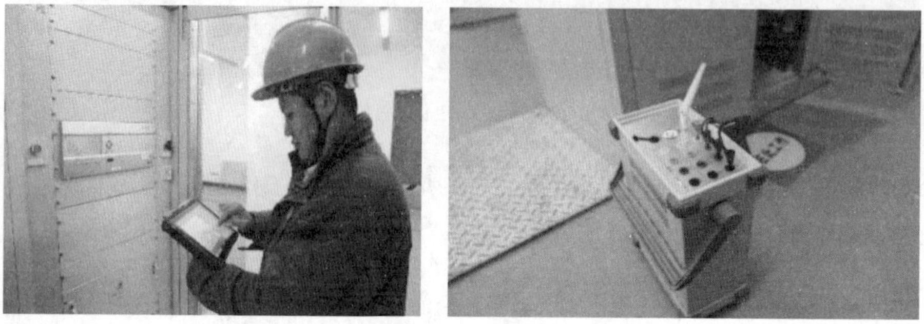

图8.2-32　便携式继电保护无线测试仪

5. 绿色移交

（1）为确保档案的专业性、准确性，制定工程档案管理意见，全过程监督实施，顺利通过建设公司、省公司档案验收，如图8.2-33所示。

图8.2-33　档案管理及验收

（2）应用电气设备交接试验智能管控系统（如图8.2-34所示）。建立出厂、交接、例行试验等数据结果集，利用大数据分析技术挖掘数据规律和特征，确定影响试验数据的温度、湿度等主要因素，细化完善交接试验结果判据规则，实现对不同试验结果的智能判别，支撑设备家族缺陷判定。自动生成标准化报告，省去数据处理和报告编制工作，实现交接试验全要素全流程数字化、智能化。

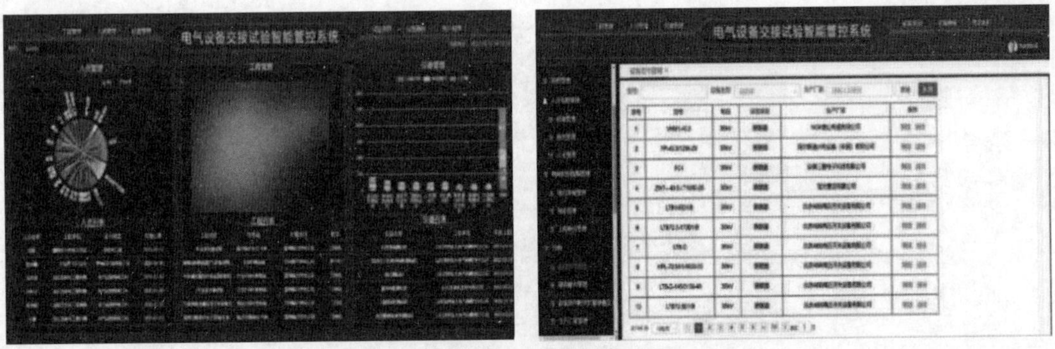

图 8.2-34　电气设备交接试验智能管控系统

8.2.2　智慧建设典型工程案例——齐河 500kV 变电站工程

推广 GIS 设备安装智能监控系统。在 GIS 安装时采用防尘棚内部环境调节的智慧净化装置，将“三度”信息和无线视频监控信息及声光报警功能融合为一体，极大提高了环境监控系统的智慧性；无尘化施工安装环境监控系统可根据设置的洁净度，不断地动态调整，迅速地达到清洁度要求，同时可灵敏地进行报警，保证 GIS 安装环境的洁净度。推广主变压器油气处理智能监控系统。在主变压器安装时将滤油机、真空机组等变电真空滤油设备，采用智能化方式集控起来，经网络通信传输至远端集控室内控制，实现实时数据监控、历史数据查询及相关数据分析，从而实现油气处理设备远程集中监控，确保变压器油气处理过程中的本质安全。推广电气设备交接试验智能管控系统。围绕“加强交接试验过程管控，提高交接试验质量与效率，提升基建过程管理水平”的目标，应用人工智能与大数据分析、RFID 与自然语言处理技术、无线通信与人工智能图像识别技术等，有效提升了交接试验工作结论的可信度。建成电气设备交接试验智能管控系统，并在全部变电站推广应用，实现了交接试验管理模式从“事后应对”向“事前防范”、从“分散现场管控”向“集约系统管控”、从“传统人工驱动”向“数据智能驱动”的转变，打造电力建设智慧工程典型案例——齐河 500kV 变电站工程。

1. 工程概况

齐河 500kV 变电站工程位于“黄河水乡”——山东省德州市齐河县，占地面积 4.5 公顷，建筑面积 1282.79m^2，新建 1000MVA 主变压器 1 组，500kV 出线 4 回，220kV 出线 6 回，35kV 侧装设 3 组 60Mvar 并联电容器、2 组 60Mvar 并联电抗器。工程于 2022 年 6 月 18 日开工，2023 年 5 月 31 日投运，拟申报 2024 年国家优质工程奖。作为“黄河兴 · 电先行”行动的排头兵，工程的建成投运对于服务黄河流域生态保护和高质量发展、优化德州及济南周边电网结构具有重要意义。齐河 500kV 变电站全景如图 8.2-35 所示。

2. 绿色建造施工管理

（1）严格履行国家基本建设程序，依法合规开工，在核准、用地、环评、水保等方面做到证件、手续齐全。

图 8.2-35　齐河 500kV 变电站

（2）以绿色建造星级项目为目标，成立绿色建造现场工作小组，如图 8.2-36 所示。

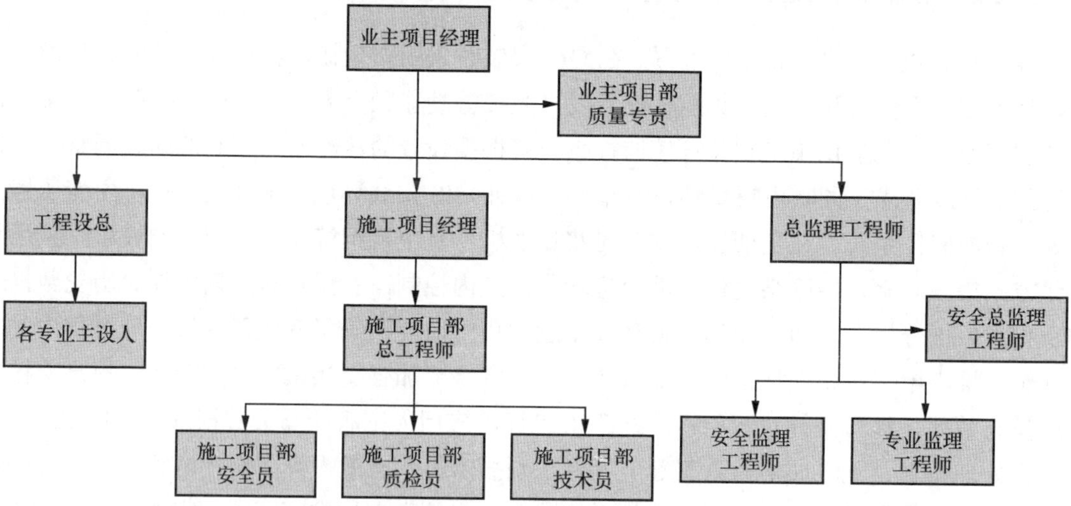

图 8.2-36　绿色建造现场工作小组

（3）根据建设单位绿色建造策划，设计、监理、施工分别实施策划、细则，规范绿色建造内容。工程绿色策划、施工方案及实施细则如图 8.2-37 所示。

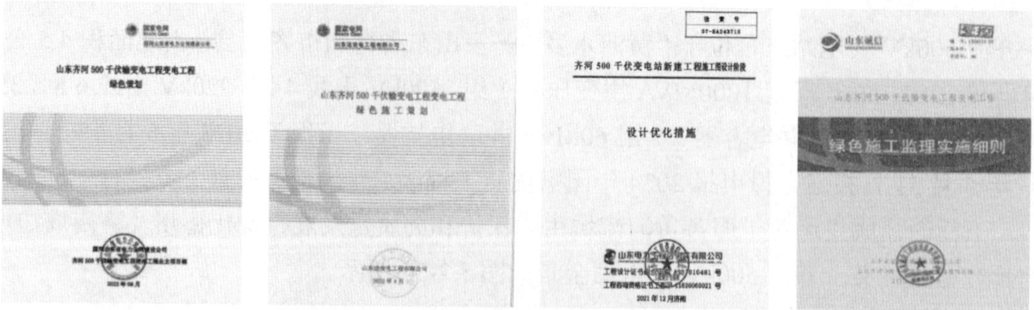

图 8.2-37　绿色策划、施工方案及实施细则

（4）工程建设前期多次组织召开绿色策划专题会议，从设计源头、施工工艺、“四新”

应用方面开展深入策划。

（5）建立全方位、全过程的绿色建造评估机制，构建绿色建造清单式考核评价管理体系。依托绿色建造考核评价清单，实时追踪节能、节地、节水、节材效果。

3. 生态环境保护与安全

（1）现场施工过程中，现场利用洒水车、雾炮机、智能雾炮车等抑尘设备（如图 8.2-38 所示），全方位地解决现场零散区域扬尘污染。进站大门北侧设置自动洗车台，解决车辆运输易产生扬尘、携带泥沙等问题，有效降低施工现场和周边环境扬尘污染。项目部沿围墙设置雾化除湿系统，抑制场地扬尘，并在大门处设置气象、扬尘及 PM2.5 监测设备实时监测空气质量，营造健康有序的施工氛围。

图 8.2-38　施工现场抑尘设备

（2）室外环境监测站（如图 8.2-39 所示），采用多级净化装置对现场车辆尾气、烟雾废气、扬尘进行实时监测。

图 8.2-39　室外环境监测站

（3）粉尘收集器（如图 8.2-40 所示），有效收集木材粉末、喷塑粉、金属粉等类似的超细粉末，工业吸尘器不会造成二次扬尘，免除人工清扫。

图 8.2-40 粉尘收集器

（4）烟雾回收装置（如图 8.2-41 所示），自制电焊机防护棚，搭配使用烟雾回收装置，安全环保。

图 8.2-41 烟雾回收装置

（5）施工现场对已完工区域和待开工区域裸露地面部分使用防尘网降低扬尘（如图 8.2-42 所示），保护周边环境。

图 8.2-42 施工现场地面防尘网

（6）项目部办公区采用集装箱式成品打包房，采光率高、装拆便捷、美观实用、节约用地、重复利用率高，如图 8.2-43 所示。打包房以蓝色玻璃幕墙为建筑风格，营造人与自然和谐相处的施工氛围。室内环境经过污染物检测，满足职业卫生办公要求。

图 8.2-43　工程项目部办公区

（7）充分利用站内远期规划主变压器区域，合理规划布置材料存放及加工区，减少临时占地面积。施工现场分区如图 8.2-44 所示。

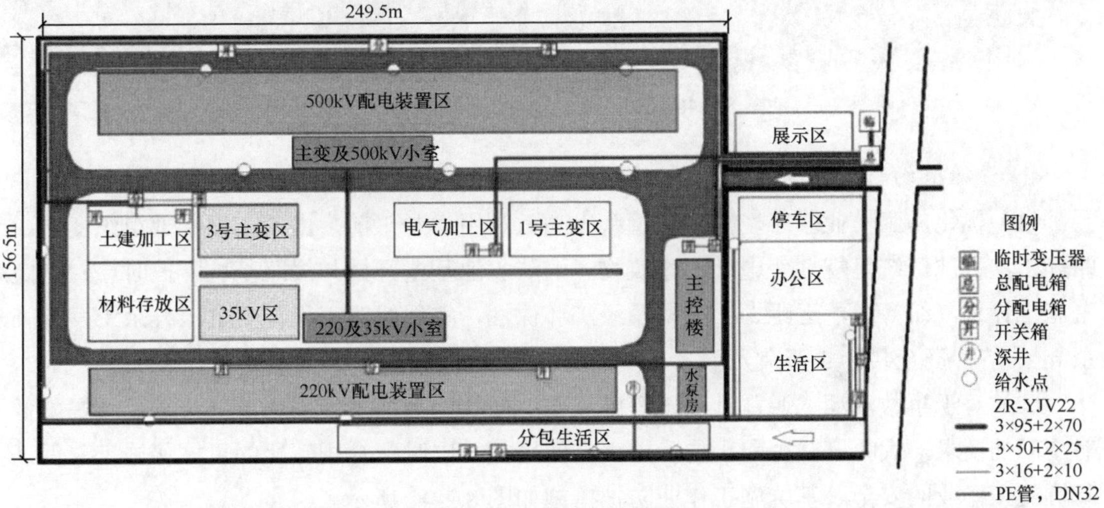

图 8.2-44　施工现场分区

（8）临建生活区规划与周边环境有机结合，减少混凝土硬化面积，种植蔬菜，绿色环保；生活区域花园式布置，提高绿化种植率，地面采用花砖铺设，可循环利用。临建生活区如图 8.2-45 所示。

图 8.2-45　临建生活区

（9）现场设置危化品存放间，做好危化品防渗防漏措施，保护水土资源；作业现场配置环境检测一体机（如图 8.2-46 所示），实时监测现场环境指标，指导现场采取有针对性的措施降尘降噪。

图 8.2-46　危化品存放间及环境检测一体机

4. 资源节约与循环利用

（1）优化施工作业时序，实现基槽余土高效利用。开工前，由业主项目部组织变电、线路施工项目部，统筹规划变电工程建筑物、消防水池基槽开挖与线路基坑开挖时序，制定缜密施工计划，统筹考虑运距、土方量及经济环保性，实现线路工程与变电工程余土互补 860 余 m^3，节省资金共计 3 万余元。

（2）对于事故油池、避雷针基础等施工作业面狭小部位，使用钢板桩防护，大幅降低了对空间的要求，大幅度减少取土量，施工方便快捷。同时配合规范化的机械化施工，保证了基坑施工作业的安全。基坑施工作业防护措施如图 8.2-47 所示。

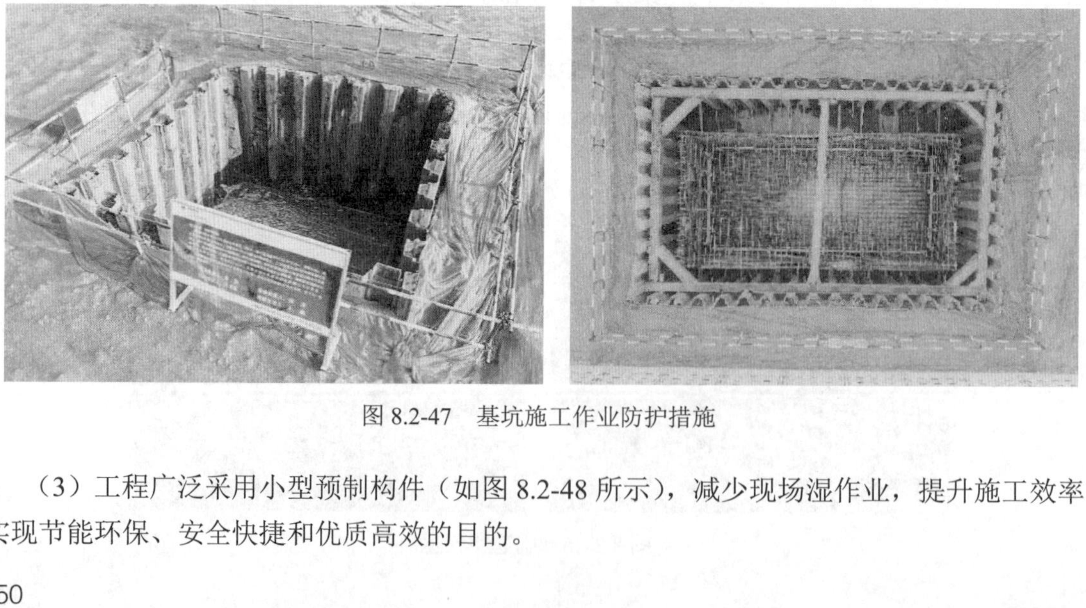

图 8.2-47　基坑施工作业防护措施

（3）工程广泛采用小型预制构件（如图 8.2-48 所示），减少现场湿作业，提升施工效率，实现节能环保、安全快捷和优质高效的目的。

图 8.2-48 小型预制构件

（4）预制电缆沟（如图 8.2-49 所示），现场不需要支模浇筑，比现浇电缆沟缩短工期 60%左右，减少施工人力、材料投入，同时减少施工扬尘及噪声的产生。

图 8.2-49 预制电缆沟

（5）采用 CDEGS 软件，仿真正常、故障、雷电及暂态条件下站内接地网接地电阻、跨步电位、接触电位等参数，合理优化站内地网布置，如图 8.2-50 所示。

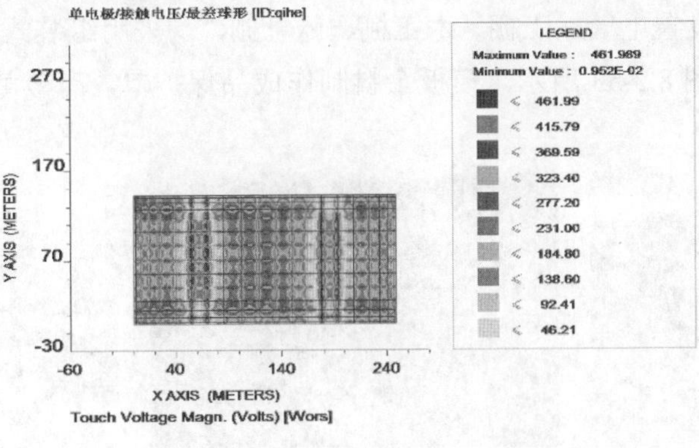

图 8.2-50 站内地网布置仿真优化

（6）利用自主研发的防雷保护计算软件，通过折线法计算防雷保护范围，精确计算变电站避雷针的防雷保护范围，并优化站内构架避雷针及独立避雷针的数量及位置，如图 8.2-51 所示。

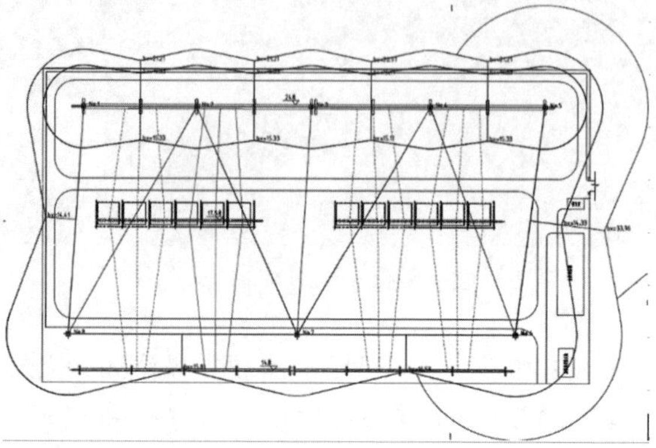

图 8.2-51　防雷保护仿真计算

（7）主变压器防火墙、电抗器防火墙采用自主研发的组合大钢模板（如图 8.2-52 所示），与传统木模板相比，大钢模板经久耐用，多次周转使用，节约成本，做到了环境影响最小，实现了低碳排放、节能环保要求。

图 8.2-52　组合大钢模板防火墙

（8）现场按标准设置电气加工棚、木工棚、休息棚，均采用组装式，易拆卸，多次使用，节约人力、物力，如图 8.2-53 所示。模板余料制作成品保护罩，有效解决成品磕碰。

图 8.2-53　组装式工棚

（9）自制区域围栏、电缆沟防护围栏及过人便桥（如图 8.2-54 所示），安装方便、周转灵活、安全可靠，可循环利用。

图 8.2-54　防护围栏及过人便桥

（10）全面使用钉钉、i8 施工管理平台、库管通，实现无纸化高效办公，如图 8.2-55 所示。

图 8.2-55　无纸化办公

（11）使用盘扣式脚手架（如图 8.2-56 所示），与传统脚手架相比，热浸镀锌工艺使其使用寿命更长，循环利用率高；受力合理使其节约钢材，降低造价费用。

图 8.2-56　盘扣式脚手架

（12）新型高分子模板（如图 8.2-57 所示），模板成型面层平整光滑，强度高，可多次重复使用，质量轻，有效节省人工。

图 8.2-57　新型高分子模板

（13）新型模板紧固件（如图 8.2-58 所示），全钢结构，标准件紧固、设计结构严密合理。施工安全性高，施工高效，节省工期和人工。

图 8.2-58　新型模板紧固件

5. 建筑垃圾控制和循环利用

（1）施工现场设置封闭式垃圾容器，对垃圾进行分类回收，并与环卫部门签订垃圾处理协议，确保垃圾清运及时。封闭式垃圾容器如图 8.2-59 所示。

图 8.2-59　封闭式垃圾容器

（2）利用 SF_6 气体回收装置可大大减少 SF_6 气体的浪费，防止 SF_6 气体污染大气环境。设置乙炔氧气瓶单独存放，回收处理得当。SF_6 气体回收装置如图 8.2-60 所示。

图 8.2-60　SF_6 气体回收装置

6. 水资源节约与利用

（1）临建饮用水采用纯净水制水机供应（如图 8.2-61 所示），保证施工人员饮用水用水质量，创新、科技环保、时尚、节能、安全，大大地节省了饮用水购买资金。

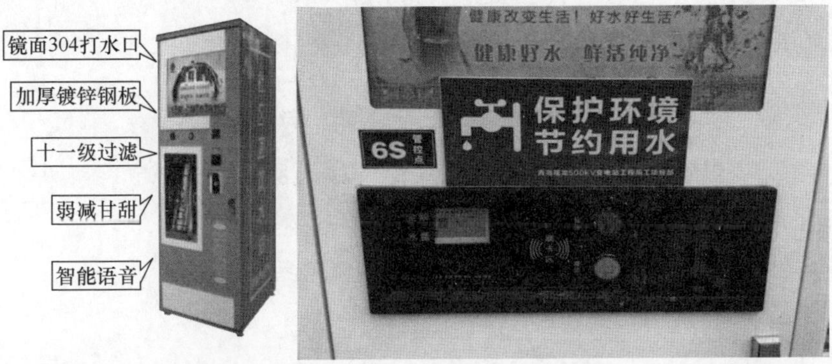

图 8.2-61　施工现场临建饮用水

（2）通过一体化污水处理设备收集生活污水、雨水，经过一体化污水处理设备处理回收利用，冲洗厕所、清洗路面、浇灌草坪等，实现水资源的循环利用。全面使用感应式节水洁具，节水方便。一体化污水处理设备如图 8.2-62 所示。

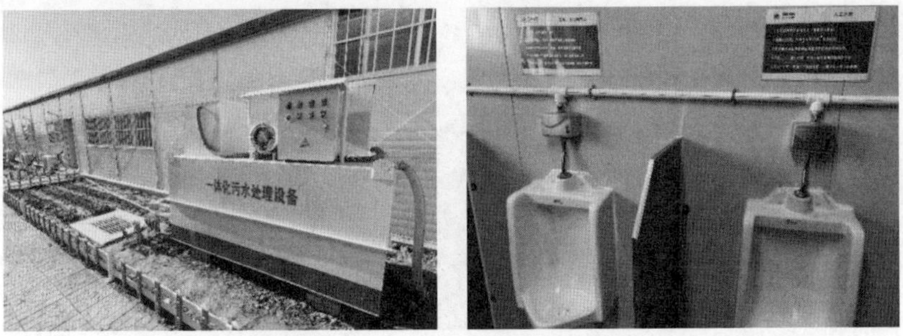

图 8.2-62　一体化污水处理设备

（3）透水混凝土相比于普通混凝土，具备吸水性好的特性，显出的水将会渗入地底，供植物群落消化吸收运用。施工现场透水混凝土如图 8.2-63 所示。

图 8.2-63　施工现场透水混凝土

（4）采用新型的水循环系统（如图 8.2-64 所示），冲洗水可多次使用，可以节约大量水资源。通过自动排泥系统，从车辆上冲洗下来的污泥会自动过滤到二级沉淀池中，避免洗车台清水受污染影响二次使用。

图 8.2-64　施工现场水循环系统

7. 能源节约与利用

（1）主要设备房间按低能耗工业建筑设计（效果图如图 8.2-65 所示），主控楼及继电器小室按低能耗工业建筑设计。采取以下实施措施：①外墙外侧采用 I 型泡沫玻璃板保温墙面；②屋面采用硬质憎水岩棉板作为屋面保温材料；③围护结构墙体采用蒸压粉煤灰砖和非黏土烧结砖；④采用气密性良好的断桥铝合金双层中空玻璃节能门窗，窗玻璃上镀 Low-E 低辐射膜；⑤外墙采用真石漆饰面，外立面二次排版，分缝合理美观，建筑物外立面墙砖缝与外墙板分隔缝及散水分隔缝均与排版上下对缝工艺，美观大方。

图 8.2-65　主控楼低能耗工业建筑设计效果图

（2）采用智能照明控制系统（如图 4.4-17 所示），可以远程进行任务命令设置以及灯具的开关、状态检测，分区域控制，分回路控制，可实时查看各区域灯具开关状态，显著减少了现场巡检人员工作量，实现生产区域分时段、分情景照度控制。

（3）项目部临建办公区户外照明全部采用新型 LED 照明灯具，替换原有金卤灯、荧光灯照明设计，减少耗电，节约成本，如图 8.2-66 所示。

图 8.2-66　项目部临建办公区户外照明

（4）利用太阳能发电，既不需要燃料，也不需要外接市电，不污染环境，具有寿命长、工作电压低、光效较高、样式美观、节约材料、节省电能等优点。图 8.2-67 为太阳能灯具。

图 8.2-67　太阳能灯具

（5）喷涂抹灰机（如图 8.2-68 所示），改变了目前人工抹灰繁琐、低效现状，模块化设计，质量轻，行走自如，内外墙通用，智能化控制，1 个台班可节省 3 个人工。

图 8.2-68　喷涂抹灰机

（6）钢管调直除锈刷漆一体机如图 8.2-69 所示，除锈装置可清除钢管表面污垢、锈垢，性能稳定,使用寿命长，调直效果好，工作效率高。

图 8.2-69　钢管调直除锈刷漆一体机

（7）沟道开挖机如图 8.2-70 所示。一台挖沟机能节省 80%的人工工作。开沟质量好，可窄到 10～40cm，深达 1.5m 以上，且沟直壁陡。

图 8.2-70　沟道开挖机

（8）座驾式混凝土抹光机如图 8.2-71 所示。每天可完成 2000m^2，相比普通汽油式磨光机，作业面积大，对地面有较好的压实性，收光地面密实性好，节省人工。

图 8.2-71　座驾式混凝土抹光机

（9）小型压路机如图 8.2-72 所示，压实效果好，尤其适用作业面狭小区域，效率高，减少现场扬尘，节约人力。

图 8.2-72　小型压路机

（10）钢筋绑扎机如图 8.2-73 所示，操作简单、智能自动，一台机器可节省 2～3 倍人工。

图 8.2-73　钢筋绑扎机

8. 技术创新与创效

（1）采用智慧型 GIS 安装充气式防尘棚（如图 8.2-74 所示），保证 GIS 对接环境洁净度的百万级要求，省去传统防尘棚基础制作的工序，不仅节约资源，而且施工便捷。

图 8.2-74　智慧型 GIS 安装充气式防尘棚

（2）变压器滤油阶段漏油监测系统（如图 8.2-75 所示），可实时监测，无需人工干预，及时发现跑冒滴漏并及时处理，从而提高管理效率。

图 8.2-75　变压器滤油阶段漏油监测系统

（3）利用三维技术优化布置设计（如图 8.2-76 所示），减少建设用地。进行碰撞检查、带电距离校验等，保证设计质量，避免因碰撞产生的设计及施工返工，使施工建设工期缩短约 10%。

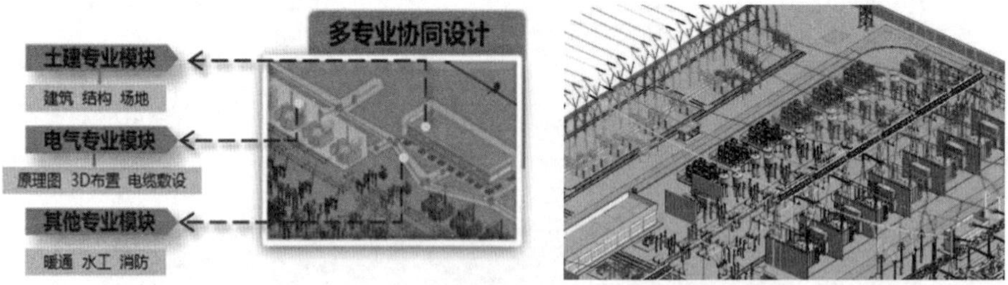

图 8.2-76　三维技术优化布置设计

（4）通过三维模型图像展示工程实况，并将场内各类感知层设备的位置及监测数据等信息动态展示在页面中，实现对基建作业现场的动态感知与三维化展示，如图 8.2-77 所示。利用无人机全方位、无死角、移动速度快、定位精度高等优势，可弥补机器人、视频监控等监控盲点。

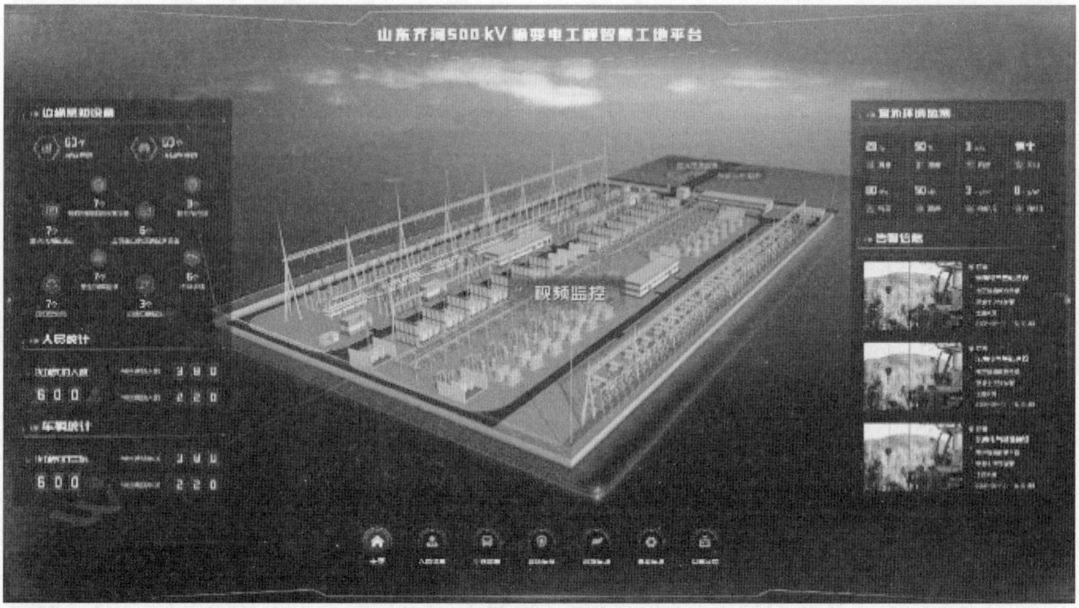

图 8.2-77　工程实况三维模型图像展示

8.2.3　融合建设典型工程案例——文登抽水蓄能电站 500kV 送出工程

试点“变、充、储”多站融合规划建设。聚焦“与环境和谐、与居民友善”，提升电网与城市融合水平。开展电网全场景融合研究为试点，推广威海“精致城市”电网融合示范，试点探索“规划融合、建筑融合、文化融合、多站融合”资源服务型电网工程建设，增强电网工程与城市总体规划及建筑的空间协调性、风貌整体性、文脉延续性，推动电网工程由“工业建筑物”向“城市风景线”转变，助力电网品质升级。将站址及线路走廊全部纳入城市总体规划基础设施黄线保护，变电站布局充分结合山体地形分层布置、错落有致，线路走廊充分利用公共绿地及道路沿线，与城市规划有机融合。合理规划空间布局，打造集变电、充电、储能、光伏等多功能于一体的新型基础设施，变“邻避”为“邻利”，提升资源利用效率和对外服务能力。

1. 工程概况

文登抽水蓄能电站 500kV 送出工程新建线路全长 2×32.038km（折单 64.076km），利用已建线路 2.294km。线路位于威海市文登区境内，全线地形山地 17%、丘陵 83%，非居民区，交通情况一般。基础采用挖孔基础、微型群桩基础和直柱板式基础共三种基础形式。工程打通了文登抽水蓄能电站与山东电网连接的“绿色通道”，可满足电站 6 台 30 万 kW 机组发电安全稳定送出及抽水电力供给需求，同时为文登蓄能电站与胶东地区核电站配合运行搭建起“桥梁”，大大优化了山东电网网架结构，对保障电网安全、促进新能源消纳、构建新型电力系统、推动地方生态环境保护、助力迎峰度夏、服务碳达峰碳中和等方面发挥重要作用。图 8.2-78 为文登抽水蓄能电站 500kV 送出工程。

图 8.2-78　文登抽水蓄能电站 500kV 送出工程

2. 绿色策划

（1）工程前期阶段，明确绿色施工总体目标和资源节约、环境保护、减少碳排放、品质提升、职业健康安全等分项目标。因地制宜对建造全过程、全要素进行统筹，明确绿色施工实施路径，体现绿色化、工业化、信息化、集约化和产业化特征，形成典型经验推广使用。

（2）建立绿色建造组织保证体系和监督管理体系，对绿色建造实施动态管理，对绿色设计和绿色施工进行监督，发现问题及时处理，对施工策划、施工准备、材料采购、现场施工、工程验收等各阶段进行管理和监督。

（3）严格落实依法合规建设要求，在核准、用地、环评、林勘等方面做到证件、手续齐全。

3. 绿色设计

（1）环境与生态保护选线及定位技术应用（如图 8.2-79 所示）。充分利用海拉瓦技术，在路径选择时，通过现场详勘综合考虑各方面因素进行多方案技术经济比较，综合考虑远离山东圣经山文化旅游区、昆嵛山国家生态养生园、葛家镇规划区、富隆采石场等规划区和厂矿设施，少占用农田，尽量避让居民区的措施，对“昆嵛山生物多样性维护生态保护红线”和“米山水库水源涵养生态保护红线”等保护红线区和生态敏感点进行了有效避让，方便机械化施工，对环境的影响已控制在最低限度。为避免大面积砍伐树木，工程 84%杆塔呼高均不小于 42m，充分考虑了对生态环境的保护。

图 8.2-79　环境与生态保护选线及定位技术应用

（2）三维技术应用。工程采用三维设计，可实现空间数据录入、路径方案优化设计、通道清理统计、铁塔/基础建模、导/地线建模、金具建模、预排位、交叉跨越和通道拥挤地段空间距离校验、工程量统计等功能，有效提升设计精度。图8.2-80为工程三维设计图。

图8.2-80 工程三维设计图

（3）同塔双回架设（如图 8.2-81 所示）。全线采用双回路同塔架设，节约了输电线路走廊宽度和宝贵的土地资源。节约输电线路走廊宽度约80m，节约走廊占地约2.57km^2，提高了单位走廊宽度的输送容量。

图8.2-81 同塔双回架设

（4）合理规划施工便道（如图8.2-82 所示）。工程在定位终勘中，在塔位满足设计要求的情况下，全线定在靠近路的一侧，利用原先道路（宽度 3m 及以上）或者拓宽的乡间小路（宽度 3m 以下）作为施工便道，这样减少了新修施工便道，降低了对土地资源的浪费和对农田林地的破坏。

图 8.2-82　工程施工便道规划

（5）全方位长短腿与不等高原状基础应用（如图 8.2-83 所示）。工程山地丘陵段采用全方位长短腿铁塔与不等高主柱基础相配合的形式，以充分适应各种复杂地貌类型，最大限度地减少降基面土石方量，减少土石方外运量，减少对自然植被的破坏，减少水土流失，保护自然环境。铁塔全方位长短腿与不等高原状土基础的配合使用，有效解决了以往工程中出现的小“簸箕”问题，做到少开或不开基面，达到较好的环保效果。

图 8.2-83　全方位长短腿与不等高原状基础应用

（6）节能材料与高强材料综合利用（如图 8.2-84 所示）。工程积极应用节能金具，降低了磁滞、涡流损耗，其机械性能和使用寿命均高于普通铸铁或铸钢的金具，节能金具的损耗比非节能金具低十几倍到几十倍。同时节能金具对导线的电化学腐蚀小，能保证线路的安全运行，提高线路的运行年限。工程杆塔所承受的外荷载作用较大，为降低铁塔钢材耗量和工程造价，铁塔设计时，对受力较大的杆件，如塔身主材、横担主材等，采用了 Q420 高强钢。按工程高强钢在铁塔中质量平均占比 30%～35%计算，使用 Q420 钢后整体上可节省铁塔造价 2%～5%。铁塔设计上，采用国际先进的铁塔计算软件，优化铁塔根开、塔身坡度、塔材布置，以求铁塔在保证安全的前提下最经济。

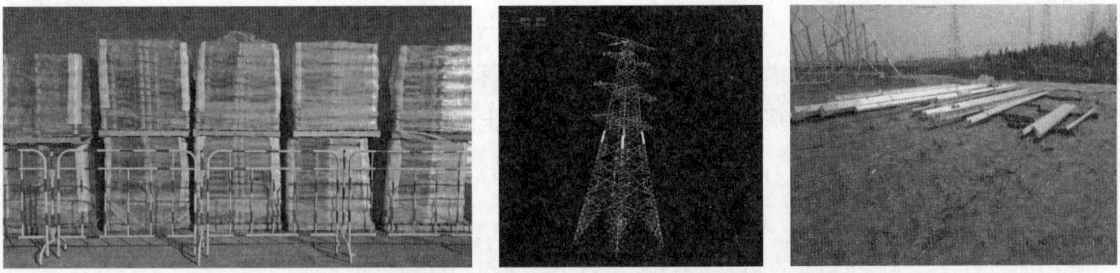

图 8.2-84　节能材料与高强材料综合利用

（7）山地微型群桩基础应用（如图 8.2-85 所示）。全线共选取 9 基塔位试用微型群桩基础，均选在岩石覆盖层较薄且坡度较平缓的塔位，周边均有进场施工道路，且至少连续两基塔位采用此基础，减少了机械转场，降低了对植被的破坏。为降低微型群桩基础材料量和减少微型桩钻孔工作量，根据铁塔作用力特点，直线塔设计四桩承台，耐张塔设计九桩承台；采用微型群桩基础，承台尺寸仅为大开挖类基础的 45%～65%，降低了对地表植被的破坏，减少了水土流失，有利于保护生态环境。较采用挖孔基础，取消了护壁混凝土和护壁钢筋，混凝土量降低 8%～20%。

图 8.2-85　山地微型群桩基础应用

（8）应用护坡挡土墙降低水土流失（如图 8.2-86 所示）。工程部分塔位虽然基础保护范围满足设计要求，但塔基周围土质松散或岩石风化严重，无植被或植被稀疏，在自然雨水作用下，极易引起水土流失，进而影响塔基的安全稳定。少数塔位由于基础局部保护范围不满足设计要求，需填土夯实，以满足设计要求。因此根据塔基地形、地质和水文特点，因地制宜地设置护坡、挡土墙，能减少水土流失，做到建设项目与自然环境和谐发展。

图 8.2-86　护坡挡土墙应用

4. 绿色施工

（1）提前策划水土保持措施，施工过程中严格落实。工程影响的植被类型主要为农田、树林等，生态恢复重点在塔基周围，施工期采用表土剥离、彩钢板拦挡、防尘网等措施减少水土流失（如图 8.2-87 所示），临时占地利用完毕后恢复耕作或植被。

图 8.2-87　水土保持措施

（2）施工现场及时复耕（如图 8.2-88 所示）。选择管理粗放、耐践踏的文登地区乡土品种，通过塔基区种草、植小灌木，工程沿线绿化区域林草植被恢复率约 97%，从而有效降低工程建设造成的不利生态影响。通过耕地的输电线路，接地体埋设在耕作深度以下，并及时复耕。

图 8.2-88　施工现场及时复耕

（3）施工现场绿色能源应用。施工现场配备了太阳能电池板进行发电（如图 8.2-89 所示），全面应用清洁能源。

图 8.2-89　施工现场绿色能源应用

（4）施工现场标准化布置（如图 8.2-90 所示）。施工现场非作业区达到目测无扬尘的要求。对现场易飞扬物质采取有效措施，如采取雾炮机对现场进行喷雾，采取洒水、围挡、密网覆盖、封闭等措施，防止扬尘产生。

图 8.2-90　施工现场标准化布置

（5）施工过程进行生熟土分离（如图 8.2-91 所示）。在施工前，提前树立生土、熟土标识牌，并以剥离厚度为 40cm 进行考虑，40cm 以上为熟土，40cm 及以下为生土。挖掘机开挖时，将生土、熟土分开存放，以便回填后方便后期耕种。

图 8.2-91　生熟土分离

（6）优化土方开挖方案，减少土地扰动。对深基坑土方开挖施工方案进行优化（如图 8.2-92 所示），将基坑集中开挖方式改为各基坑依次开挖，减少了土方开挖和回填量，最大限度地减少对土地的扰动，保护周边自然生态环境。

图 8.2-92　深基坑土方开挖施工

（7）智能化手段实现设备参数远程监测（如图 8.2-93 所示）。利用物联网+人工智能技术对工程施工所用挖机、起重机等机械的进场、施工、调度、结算全流程进行智能化管理，更加精准高效地监测机械各项状态，实现现场情况实时督查和远程指导，提高管理效率。

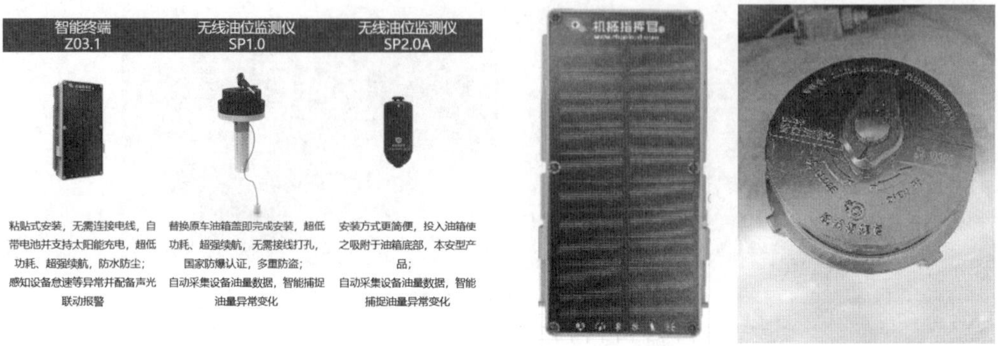

图 8.2-93　设备参数远程监测

（8）科学计算地锚坑开挖深度（如图 8.2-94 所示）。结合使用“三算四验五禁止”小程序，科学计算各地锚坑位置处的受力情况，得出临界深度值，减少地锚坑开挖深度，降低水土流失的可能性。

图 8.2-94　地锚坑开挖深度科学计算

（9）采用钢板桩方式进行土方开挖保护（如图 8.2-95 所示）。在水位较浅、淤泥、流沙地质采用钢板桩的方式对基坑进行保护，在土方开挖前提前将钢板桩按照坑口尺寸进行布置，打入土内进行固定，完成后再进行开挖，通过减少放坡率，不仅控制开挖面积，同时避免坑壁坍塌造成的施工范围扩大及水土流失。

（10）微型群桩实现施工机械化（如图 8.2-96 所示）。选用水井钻机进行微型群桩基础的施工，微型群桩基础由直径 400mm 的群桩和一个承台组成，孔径特殊，不适合使用常规机械施工。利用水井钻机进行开挖，具有占地面积小、节约人力、降低施工风险、与微型桩相匹配及全机械化施工的优点。充分发挥机械设备高效能动性，成孔速度快、成孔质量高；降低了成本和风险，降低了施工临时占地面积。

图 8.2-95　钢板桩方式土方开挖保护

图 8.2-96　微型群桩机械化施工

（11）混凝土采用环保材料养护（如图 8.2-97 所示）。基础施工完成后，在对基础进行保湿养护时，采用可降解塑料薄膜覆盖包裹，避免因使用普通塑料薄膜对环境的破坏。

图 8.2-97　混凝土环保材料养护

（12）组塔实现施工机械化（如图 8.2-98 所示）。利用起重机进行组塔施工，根据不同塔重及塔高，选择合适吨位的起重机设备，实现组塔施工机械化，降低作业风险等级，较传统抱杆组塔施工工艺相比，提高施工效率 50%，节省人工 6000 多个工日。

图 8.2-98　组塔施工机械化

（13）采用集控智能张力放线系统（如图 8.2-99 所示）。采用集控智能张力放线系统，全过程参与导引绳全程不落地展放方式，减少了现场辅助牵引设备配备数量，简化了场地布置，减少了耕地占用和民事纠纷，极大改善了现场作业人员工作环境。张力场通过将两台二线张力机进行合并，减少了 2 个地锚坑的开挖，并将场地临时占地范围减少了约 $30m^2$，有效保护了耕地的原状。

图 8.2-99　集控智能张力放线系统

（14）使用无人机进行引绳展放（如图 8.2-100 所示）。使用无人机进行引绳展放，避免了人工展放引绳时对路径内作物的破坏，同时消除了人工铺线所产生的人工成本，提高施工效率。

图 8.2-100　无人机引绳展放

（15）机动绞磨过载保护（如图 8.2-101 所示）。利用自主研发的机动绞磨过载保护装置，将绞磨瞬时受力值转化为数字信号，由控制箱进行收集，做出判断及动作，防止因绞磨受力过大导致被吊物坠落，造成施工材料浪费及人工工时损失。

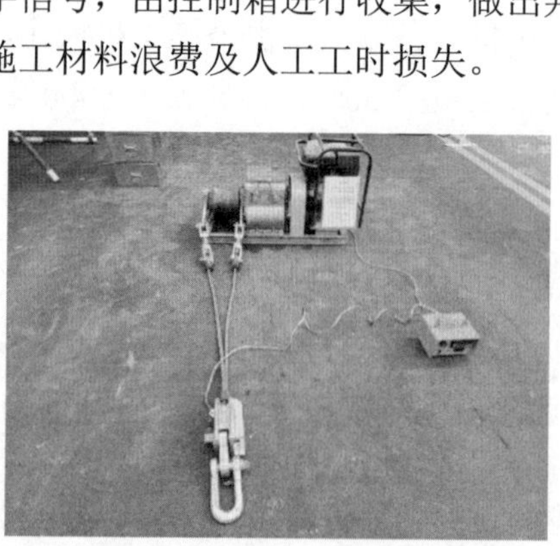

图 8.2-101　机动绞磨过载保护装置

（16）跨越架实时监测系统（如图 8.2-102 所示）。应用跨越架实时监测系统，实时监测跨越架架体的压力、倾斜角度、位移和拉线的受力变化情况，提升高风险跨越的安全水平。同时通过设备的使用，消除了现场监测人员的工作量，节省了人工工时。

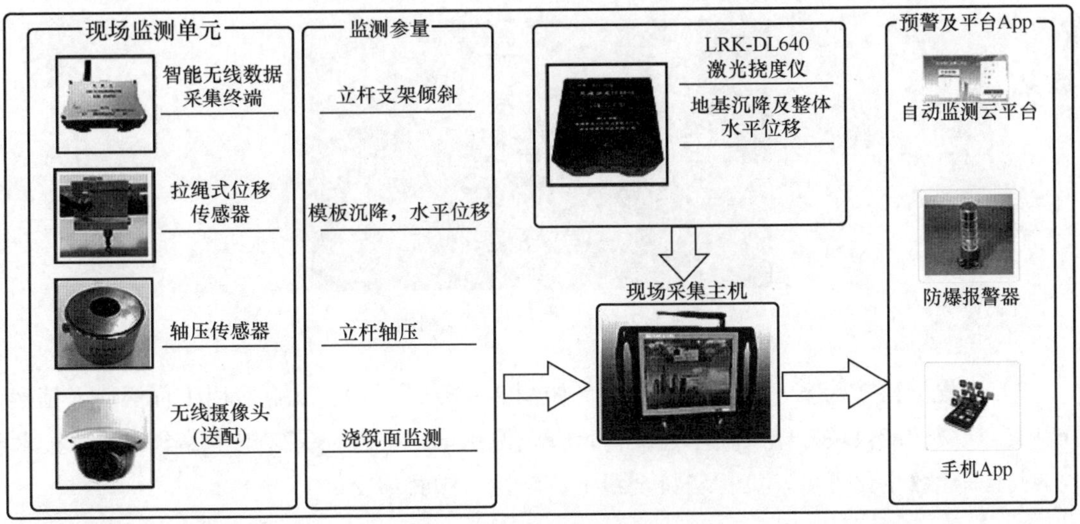

图 8.2-102　跨越架实时监测系统

（17）专用的塔材保护夹具（如图 8.2-103 所示）。使用专用夹具固定在塔材上，通过该夹具的施工孔进行卸扣连接，既避免了使用钢丝绳时包裹物随处丢弃造成的环境污染，也节省了施工操作时的人工工时，同时避免了对塔材镀锌层的破坏。

图 8.2-103　塔材保护夹具

（18）耗材循环再利用（如图 8.2-104 所示）。综合考虑各施工节点，选择使用合格的损耗量进行再利用，以减少材料浪费。

5. 绿色建造移交

（1）严格执行环保水保“三同时”制度。工程严格贯彻绿色建造理念，从设计到施工全面落实绿色建造要求，并严格落实环保水保设施与主体工程同时设计、同时施工、同时投产使用的要求，开展工程项目大气污染、固体废物污染、噪声、电磁环境等相关检测及水土保持监测，及时完成临时用地的复垦和绿色恢复，达到绿色移交标准。

图 8.2-104　耗材循环再利用

（2）工程资料（档案）智能归集移交（如图 8.2-105 所示）。试点应用工程资料（档案）智能归集移交功能模块，结构化基建文件，开发原生电子文件，突破电子签名、签章技术壁垒，对接基建数字化平台，工程资料全线上流转，一键式移交。

图 8.2-105　工程资料（档案）智能归集移交

6. 绿色建造创新

（1）创新应用深基坑作业一体化智能装置行走装置（如图 8.2-106 所示）。通过安装一体化深基坑作业智能装置行走装置，实现设备在装置上自由行走，快速移动，减少设备抬运时间，提高机械化施工水平，减少作业时间，降低施工成本。将一体化深基坑作业智能装置从一个桩基基础移动到另一个桩基基础的时间由 20min 减少到 3min。

（2）开展山地微型群桩在输电线路中的应用研究。工程作为省内超高压工程首次使用山地微型群桩的试点工程，在环境保护、施工工期、施工安全等方面均取得了显著效果，提升了机械化施工率，有效降低了施工风险。根据微型群桩在山地地形中的应用情况，总结提升特色亮点做法，形成《山地微型群桩在输电线路中的应用研究》论文一篇。

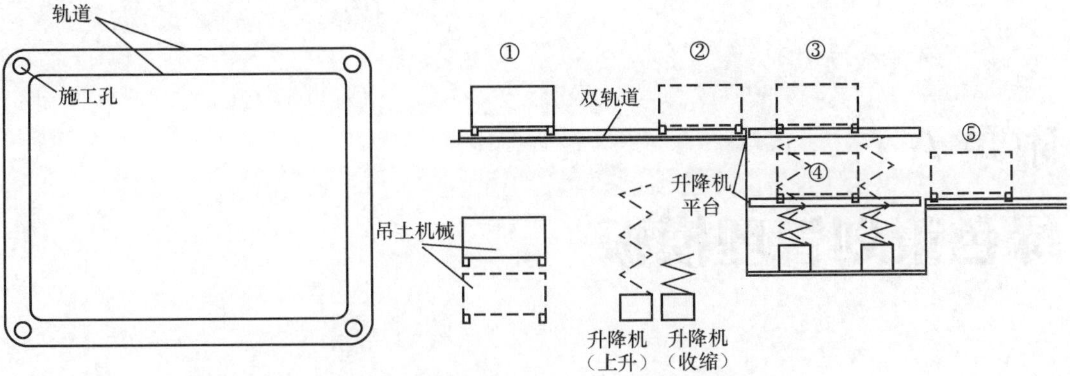

图 8.2-106　深基坑作业一体化智能装置行走装置

（3）建立工程典型经验案例库（如图 8.2-107 所示）。对于在检查评价中出现的经验教训，总结形成典型经验推广应用，并将成果全面推广。

图 8.2-107　工程典型经验案例库

【思考题】

1. 中国电力建设企业协会、中国施工企业管理协会绿色建造评价结论是如何分类的？
2. 实施绿色建筑、既有建筑绿色改造、绿色工业建筑依据的标准是什么？
3. 零能耗建筑、零碳建筑目标的实现程度表现为哪几种形式？

附录 A
绿色策划管理模板

A.1 绿色总体策划

______工程

绿　色　总　体　策　划

XX单位（章）

____年____月____日

批　准：______________________ ________年____月____日

审　核：______________________ ________年____月____日

编　写：______________________ ________年____月____日

目　　录

1 前言
1.1 工程概况
1.2 参建单位
2 绿色建造目标
2.1 绿色建造总体目标
2.1.1 电力行业绿色建造示范工程创建
2.1.2 绿色建造评价得分率
2.1.3 关键指标目标值
2.2 绿色建造分项目标
2.2.1 建筑垃圾减量化
2.2.2 绿色材料应用
2.2.3 “四节一环保”
2.2.4 水土保持与水土流失防控
3 组织架构及职责分工
3.1 组织机构
3.2 各单位工作职责
3.2.1 设计单位工作职责
3.2.2 监理单位工作职责
3.2.3 施工单位工作职责
4 新技术应用及技术创新
4.1 土建、基础专业技术创新（通用）
4.2 变电一次专业技术创新（变电工程）
4.3 变电二次、通信专业技术创新（变电工程）
4.4 线路结构专业技术创新（线路工程）
4.5 线路电气专业技术创新（线路工程）
5 绿色移交标准
5.1 专项验收成果
5.2 数字化移交清单
5.3 移交标准要求
5.4 移交责任主体
5.5 移交期限
5.6 移交阶段

6 主要控制指标

6.1 资源节约指标（包括但不限于）

6.1.1 节材指标

6.1.2 节水指标

6.1.3 节能指标

6.1.4 节地指标

6.2 环境保护指标

6.3 职业健康安全指标

7 主要工作计划

以工程里程碑计划为基准编制绿色建造相关工作计划。

8 实施与评价管理

明确实施项目绿色设计、施工的考核、评价办法。

A.2 绿色设计策划模板

________工程

绿 色 设 计 策 划

XX单位（章）

____年____月____日

批 准：____________________ ________年____月____日

审 核：____________________ ________年____月____日

编 写：____________________ ________年____月____日

目　录

一、变电站工程

1 工程概况

2 前期调研

2.1 工程周边环境、气候环境

2.2 环境保护及水土保持要求

2.3 地形地貌及交通规划

2.4 地方性材料

3 目标分析

3.1 工程特点和要求

3.2 “四节一环保”目标

3.3 室内环境质量目标

3.4 水土保持目标

3.5 运行管理目标

4 技术经济可行性分析

4.1 技术可行性分析

4.2 环境效益分析

4.3 风险评估

4.4 经济效益评估

5 绿色设计方案

5.1 总平面设计

5.2 建筑设计

5.3 给排水及消防设计

5.4 暖通设计

5.5 电气一次设计

5.6 电气二次及通信设计

6 绿色设计指标

参考建设单位绿色建造策划文件。

7 新技术应用

参考建设单位绿色建造策划文件。

注：上述内容仅供参考。

二、架空线路工程

1 工程概况

2　前期调研

2.1　工程周边环境、气候环境

2.2　环境保护及水土保持要求

2.3　地形地貌及交通规划

2.4　地方性材料

3　目标分析

3.1　工程特点和要求

3.2　“四节一环保”目标

3.3　室内环境质量目标

3.4　水土保持目标

3.5　运行管理目标

4　技术经济可行性分析

4.1　技术可行性分析

4.2　环境效益分析

4.3　风险评估

4.4　经济效益评估

5　绿色设计方案

5.1　物料运输设计

5.2　基础施工设计

5.3　组塔施工设计

5.4　架线施工设计

5.5　接地施工设计

6　绿色设计指标

参考建设单位绿色建造策划文件。

7　新技术应用

参考建设单位绿色建造策划文件。

注：上述内容仅供参考。

A.3 绿色施工策划模板

________工程

绿 色 施 工 策 划

施工单位（章）

____年____月____日

批　　准：________________________　________年____月____日

审　　核：________________________　________年____月____日

编　　写：________________________　________年____月____日

目　录

1　工程概况

2　绿色施工目标

2.1　节材与材料资源利用

可设置钢材、水泥、木材、混凝土等主要材料的损耗率，模板的平均周转次数，建筑材料包装物回收率，建筑物装配率，接地材料损耗率等指标。

2.2　节能与能源利用

可设置临时设施节能型设施占比、施工能源消耗、采用新能源设备占比、主设备试验一次通过率等指标。

2.3　节水与水资源利用

可设置施工阶段的节水定额指标或用水目标值、节水设备（设施）配置率、非常规水源利用量占总用水量比例等指标。

2.4　节地与施工用地保护

可设置临时设施占地面积等指标。

2.5　环境保护与环境影响控制

可设置建筑垃圾产生量、建筑垃圾回收和再利用率、“声光水气尘”和化学品污染控制等指标。

2.6　水土保持与水土流失防控

应明确水土流失防治责任范围，可设置迹地恢复率、土壤流失控制比、林草植被恢复率、表土保护率、渣土防护率、水土流失治理度等指标。

2.7　经济效益

2.8　社会效益

3　关键指标目标值

4　影响因素分析和环境风险评估

4.1　影响因素分析

4.2　环境风险评估

5　组织架构及职责分工

5.1　项目管理组织结构

5.2　主要人员配置及管理职责

6　管理制度及技术标准

6.1　环境保护管理制度

如扬尘污染管理、有害气体排放管理、水污染管理、噪声污染管理、光污染管理、固体废物污染控制管理、施工现场卫生保洁。

6.2 水土保持管理制度

如水土保持工程措施管理、植物措施管理、临时措施管理。

6.3 节材与材料资源利用管理制度

6.4 节能与能源利用管理制度

6.5 节水与水资源利用管理制度

6.6 节地与土地资源利用制度

6.7 职业与安全健康管理制度

如消防疏散、卫生防疫、职业健康安全等。

7 “四节一环保”措施

7.1 节材与材料资源利用措施

7.2 节能与能源利用措施

7.3 节水与水资源利用措施

7.4 节地与土地资源利用措施

7.5 环境保护措施

包括扬尘控制、噪声与振动控制、光污染控制、水污染控制、土壤保护、建筑垃圾控制等。

8 水土保持与水土流失防控

8.1 水土流失防治责任范围

8.2 迹地恢复率

8.3 土壤流失控制比

8.4 林草植被恢复率

8.5 表土保护率

8.6 渣土防护率

8.7 水土流失治理度

9 新技术应用及施工技术创新

9.1 国家重点节能低碳节能技术应用

9.2 电力行业“五新”技术及电力建设低碳技术应用

9.3 建筑业10项新技术应用

9.4 其他基建新技术

如国家电网有限公司基建新技术推广目录。

9.5 创新成果技术

如绿色建造相关的科技进步奖项、专利、QC成果、工法、标准中产生的创新成果技术。

注：上述目录仅供参考。

附录 B

绿色设计管理模板

B.1 绿色设计专篇目录

1 绿色设计目标

2 变电站绿色设计（节能降耗）技术措施

2.1 总平面设计

2.2 建筑设计

2.3 结构设计

2.4 给排水及消防设计

2.5 暖通设计

2.6 电气一次设计

2.7 电气二次设计

2.8 建筑电气设计

3 输电线路绿色设计（节能降耗）技术措施

3.1 架空线路电气设计

3.2 架空线路结构设计

3.3 电缆电气设计

3.4 电缆结构设计

4 设计创新

4.1 理念创新

4.2 技术创新

B.2 绿色设计应用清单

工程名称		设总	
设计单位		专业/主设	
序号	绿色设计内容及要求	是否执行	执行情况/未执行原因

B.3　绿色设计专篇专家会审意见

工程名称	××工程	审查阶段	可研阶段/初设阶段
审查时间	××××年××月××日		
审查专家：			
序号	发现问题	修改意见	相关依据
审查专家签字：			

B.4 绿色设计应用清单执行情况记录

工程名称		设总	
设计单位		专业/主设	
序号	绿色设计内容及要求	是否执行	有关卷册名称、卷册号

设计单位自查意见： 设计项目经理（设总）： （签字并盖章） 年 月 日	监理检查意见： 总监理工程师： （签字并盖章） 年 月 日	业主项目部核查结论： 业主项目经理： （签字并盖章） 年 月 日

附录C

绿色施工管理模板

C.1 绿色施工管理制度

C.1.1 施工单位职责

（1）建立绿色建造管理体系，并制定相应的管理制度。

（2）建立以项目经理为第一责任人的绿色建造施工管理体系，制定落实绿色建造施工管理制度和目标，定期开展自检、考核和评比工作。

（3）服从建设单位、监理单位对绿色建造施工的管理，并全面遵守建设单位在承发包合同中及现场规定的各项条款。

（4）按电压等级，在项目管理实施规划中编制绿色建造策划实施专篇或专项方案，结合绿色建造策划明确绿色建造施工的方针、目标、措施和各项法规标准。

（5）组织绿色建造教育培训，增强施工人员绿色建造意识。

（6）在施工现场的办公区和生活区设置明显的有节水、节能、节约材料等具体内容的警示标识，并按规定设置安全警示标志。

（7）施工前，根据国家法律、法规和国家电网有限公司、省公司的规定，制定施工现场环境保护和人员安全与健康等突发事件的应急预案。

（8）施工过程中，建立数据库对整个施工过程定期实施动态管理记录，并接受业主、监理单位监督。

（9）工程结束后，对施工过程的生态环境保护、资源节约、创新技术、经济效益及社会效益进行分析，并编制绿色建造施工总结。

C.1.2 节约土地管理制度

（1）施工总平面布置图应优化土地利用，减少土地资源的占用，充分利用原有建筑物、构筑物、道路、管线为施工服务，并按照转序进度更新施工总平面布置图。

（2）根据施工规模及现场条件等因素合理确定临时设施，如临时加工厂、现场作业棚及材料堆场、办公生活设施等的占地指标。临时设施的占地面积应按用地指标所需的最低面积设计。

（3）临时设施要求平面布置合理、紧凑，在满足环境、职业健康与安全及文明施工要求的前提下，尽可能减少废弃地和死角，占地面积有效利用率应大于90%。

（4）土方开挖施工应采取先进的技术措施，减少土方开挖量，最大限度地减少对土地的扰动，保护周边自然生态环境。线路工程开挖场地是耕地的，采用生熟土分离方式开挖，施工后尽可能恢复植被。

（5）施工现场道路按照永久道路和临时道路相结合的原则布置。施工现场内形成环形通路，减少道路占用土地。

（6）临时办公和生活用房应采用经济、美观、占地面积小、对周边地貌环境影响较小，且适合于施工平面布置动态调整的装配式活动板房。

C.1.3　节能管理制度

（1）施工现场应制订节能措施，提高能源利用率，对能源消耗量大的工艺必须制定专项降耗措施。

（2）临时设施的设计、布置与使用，应采取有效的节能降耗措施，并符合下列规定：

1）利用场地自然条件，合理设计办公及生活临时设施的体形、朝向、间距和窗墙面积比，冬季利用日照并避开主导风向，夏季利用自然通风。

2）临时设施宜选用由高效保温隔热材料制成的复合墙体和屋面，以及密封保温隔热性能好的门窗，减少夏天空调、冬天取暖设备的使用时间及耗能量。

3）合理配置采暖、空调、风扇数量，规定使用时间，实行分段分时使用，节约用电，提高空调和采暖装置的运行效率。

4）充分利用太阳能，照明器具宜选用节能型器具，安装节能灯具和设备、利用声光传感器控制照明灯具，合理安排施工时间等降低用电量,节约电能。

5）对施工现场的生产、生活、办公和主要耗能施工设备设有节能的控制指标。施工现场塔吊、施工电梯、电焊机和现场照明，应分别设定用电控制指标。施工用电必须装设电能表，生活区和施工区应分别计量；应及时收集用电资料，建立用电节电统计台账。

6）选择配置施工机械设备应充分考虑设备利用效率，定期监控重点耗能设备能源利用情况的记录。

（3）施工现场机械设备管理应满足下列要求：

1）施工机械设备应建立按时保养、保修、检验制度，使机械设备保持低耗、高效的状态。

2）优先使用国家、行业、国家电网有限公司、集团公司推荐的节能、高效、环保的施工设备和机具，如选用变频技术的节能施工设备等。

3）合理安排工序和工作面，提高各种机械的使用率和满载率，降低各种设备的单位耗能。

（4）施工现场分别设定生产、生活、办公和施工设备的用电控制指标，实行用电计量管理，严格控制施工阶段用电量，定期进行计量、核算、对比分析，并有预防与纠正措施。

C.1.4　节水管理制度

（1）施工现场应实行用水计量管理，严格控制施工阶段用水量。

（2）施工现场生产、生活用水必须使用节水型生活用水器具，在水源处应设置明显的节约用水标识。

（3）输变电工程应采取地下水资源保护措施，新开工的工程限制进行施工降水。

（4）施工现场应充分利用雨水资源，保持水体循环，有条件的宜收集屋顶、地面雨水再利用。

（5）施工现场应设置废水回收设施，对废水进行回收后循环利用。

（6）施工现场喷洒路面、绿化浇灌不使用市政自来水。

C.1.5　节约材料与资源利用制度

（1）优化施工方案，选用绿色材料，积极推广新材料、新工艺，促进材料的合理使用，节省实际施工材料消耗量。

（2）根据施工进度、材料周转时间、库存情况等制定采购计划，并合理确定采购数量，避免采购过多，造成积压或浪费。

（3）对周转材料进行保养维护，维护其质量状态，延长其使用寿命。按照材料存放要求进行材料装卸和临时保管，避免因现场存放条件不合理而导致浪费。

（4）依照施工预算，实行限额领料，严格控制材料的消耗。

（5）施工现场应建立可回收再利用物资清单，制定并实施可回收废料的回收管理办法，提高废料利用率。

（6）根据场地建设现状调查，对现有的建筑、设施再利用的可能性和经济性进行分析，合理安排工期。利用拟建道路和建筑物，提高资源再利用率。

（7）建设工程施工所需临时设施（办公及生活用房、给排水、照明、消防管道及消防设备）应采用可拆卸可循环使用材料，并在相关专项方案中列出回收再利用措施。

C.1.6　扬尘污染管理制度

（1）施工现场主要道路应根据用途进行硬化处理，土方应集中堆放。裸露的场地和集中堆放的土方应采取覆盖、固化或绿化等措施。

（2）施工现场大门口应设置冲洗车辆设施。

（3）施工现场易飞扬、细颗粒散体材料，应密闭存放。

（4）遇有四级以上大风天气，不得进行土方回填、转运以及其他可能产生扬尘污染的施工。

（5）施工现场办公区和生活区的裸露场地应进行绿化、美化。

（6）施工现场材料存放区、加工区及大模板存放场地应平整坚实。

（7）建筑拆除工程施工时应采取有效的降尘措施。

（8）规划市区范围内的施工现场，混凝土浇注量超过 100m^3 以上的工程，应当使用预拌混凝土；施工现场应采用预拌砂浆。

（9）施工现场进行机械剔凿作业时，作业面局部应遮挡、掩盖或采取水淋等降尘措施。

（10）市政道路施工铣刨作业时，应采用冲洗等措施，控制扬尘污染。无机料拌合，应采用预拌进场，碾压过程中要洒水降尘。

（11）施工现场应建立封闭式垃圾站。建筑物内施工垃圾的清运，必须采用相应容器或管道运输，严禁凌空抛掷。

C.1.7 有害气体排放管理制度

（1）施工现场严禁焚烧各类废弃物。

（2）施工车辆、机械设备的尾气排放应符合国家和北京市规定的排放标准。

（3）建筑材料应有合格证明。对含有害物质的材料应进行复检，合格后方可使用。

（4）建筑工程室内装修严禁采用沥青、煤焦油类防腐、防潮处理剂。

（5）施工中所使用的阻燃剂、混凝土外加剂氨的释放量应符合国家标准。

C.1.8 水土污染管理制度

（1）施工现场搅拌机前台、混凝土输送泵及运输车辆清洗处应当设置沉淀池。废水不得直接排入市政污水管网，可经二次沉淀后循环使用或用于洒水降尘。

（2）施工现场存放的油料和化学溶剂等物品应设有专门的库房，地面应做防渗漏处理。废弃的油料和化学溶剂应集中处理，不得随意倾倒。

（3）食堂应设隔油池，并应及时清理。

（4）施工现场设置的临时厕所化粪池应做抗渗处理。

（5）食堂、盥洗室、淋浴间的下水管线应设置过滤网，并应与市政污水管线连接，保证排水畅通。

C.1.9 噪声污染与振动控制管理制度

（1）施工现场应根据 GB 12523《建筑施工场地噪声限值》的要求制定降噪措施，并对施工现场场界噪声进行检测和记录，噪声排放不得超过国家标准。

（2）施工场地的强噪声设备宜设置在远离居民区的一侧，可采取对强噪声设备进行封闭等降低噪声措施。

（3）运输材料的车辆进入施工现场，严禁鸣笛。装卸材料应做到轻拿轻放。

C.1.10 光污染管理制度

（1）施工单位应合理安排作业时间，尽量避免夜间施工。必要时的夜间施工，应合理调整灯光照射方向，在保证现场施工作业面有足够光照的条件下，减少对周围居民生活的干扰。

（2）在高处进行电焊作业时应采取遮挡措施，避免电弧光外泄。

C.1.11 施工固体废弃物控制管理制度

（1）施工中应减少施工固体废弃物的产生。工程结束后，对施工中产生的固体废弃物必须全部清除。

（2）施工现场应设置封闭式垃圾站，施工垃圾、生活垃圾应分类存放，并按规定及时清运消纳。

C.1.12 环境影响控制管理制度

（1）工程开工前，建设单位应组织对施工场地所在地区的土壤环境现状进行调查，制定科学的保护或恢复措施，防止施工过程中造成土壤侵蚀、退化，减少施工活动对土壤环境的破坏和污染。

（2）建设项目涉及古树名木保护的，工程开工前，应由建设单位提供政府主管部门批准的文件，未经批准，不得施工。

（3）建设项目施工中涉及古树名木确需迁移，应按照古树名木移植的有关规定办理移植许可证和组织施工。

（4）对场地内无法移栽、必须原地保留的古树名木应划定保护区域，严格履行园林部门批准的保护方案，采取有效保护措施。

（5）施工单位在施工过程中一旦发现文物，应立即停止施工，保护现场并通报文物管理部门。

（6）建设项目场址内因特殊情况不能避开地上文物，应积极履行经文物行政主管部门审核批准的原址保护方案，确保其不受施工活动损害。

（7）对于因施工而破坏的植被、造成的裸土，必须及时采取有效措施，以避免土壤侵蚀、流失。如采取覆盖砂石、种植速生草种等措施。施工结束后，被破坏的原有植被场地必须恢复或进行合理绿化。

C.1.13 场地布置及临时设施建设管理制度

（1）施工现场办公区、生活区应与施工区分开设置，并保持安全距离；办公、生活区的选址应当符合安全要求。

（2）施工现场应设置办公室、宿舍、食堂、厕所、淋浴间、开水房、文体活动室（或农民工夜校培训室）、吸烟室、密闭式垃圾站（或容器）及盥洗设施等临时设施。

（3）施工现场临时搭建的建筑物应当符合安全使用要求，施工现场使用的装配式活动房屋应当具有产品合格证书。建设工程竣工一个月内，临建设施应全部拆除。

（4）严禁在尚未竣工的建筑物内设置员工集体宿舍。

C.1.14 作业条件及环境安全管理制度

（1）施工现场必须采用封闭式硬质围挡，高度不得低于 1.8m。

（2）施工现场应设置标志牌和企业标识，按规定应有现场平面布置图和安全生产、消防保卫、环境保护、文明施工制度板，公示突发事件应急处置流程图。

（3）施工单位应采取保护措施，确保与建设工程毗邻的建筑物、构筑物安全和地下管线安全。

（4）施工现场高大脚手架、塔式起重机等大型机械设备应与架空输电导线保持安全距离，高压线路应采用绝缘材料进行安全防护。

（5）施工期间应对建设工程周边临街人行道路、车辆出入口采取硬质安全防护措施，夜间应设置照明指示装置。

（6）施工现场出入口、施工起重机械、临时用电设施、脚手架、出入通道口、楼梯口、电梯井口、孔洞口、桥梁口、隧道口、基坑边沿、爆破物及有害危险气体和液体存放处等危险部位，应设置明显的安全警示标志。安全警示标志必须符合国家标准。

（7）在不同的施工阶段及施工季节、气候和周边环境发生变化时，施工现场应采取相应的安全技术措施，达到文明安全施工条件。

C.1.15 职业健康管理制度

（1）施工现场应在易产生职业病危害的作业岗位和设备、场所设置警示标识或警示说明。

（2）定期对从事有毒有害作业人员进行职业健康培训和体检，指导操作人员正确使用职业病防护设备和个人劳动防护用品。

（3）施工单位应为施工人员配备安全帽、安全带及与所从事工种相匹配的安全鞋、工作服等个人劳动防护用品。

（4）施工现场应采用低噪声设备，推广使用自动化、密闭化施工工艺，降低机械噪声。作业时，操作人员应戴耳塞进行听力保护。

（5）深井、地下隧道、管道施工、地下室防腐、防水作业等不能保证良好自然通风的作业区，应配备强制通风设施。操作人员在有毒有害气体作业场所应戴防毒面具或防护口罩。

（6）在粉尘作业场所，应采取喷淋等设施降低粉尘浓度，操作人员应佩戴防尘口罩；焊接作业时，操作人员应佩戴防护面罩、护目镜及手套等个人防护用品。

（7）高温作业时，施工现场应配备防暑降温用品，合理安排作息时间。

C.1.16 卫生防疫管理制度

（1）施工现场员工膳食、饮水、休息场所应符合卫生标准。

（2）宿舍、食堂、浴室、厕所应有通风、照明设施，日常维护应有专人负责。

（3）食堂应有相关部门发放的有效卫生许可证，各类器具规范清洁。炊事员应持有效健康证。

（4）厕所、卫生设施、排水沟及阴暗潮湿地带应定期消毒。

（5）生活区应设置密闭式容器，垃圾分类存放，定期灭蝇，及时清运。

（6）施工现场应设立医务室，配备保健药箱、常用药品及绷带、止血带、颈托、担架等急救器材。

（7）施工人员发生传染病、食物中毒、急性职业中毒时，应及时向发生地的卫生防疫部门和建设主管部门报告，并按照卫生防疫部门的有关规定进行处置。

C.2 绿色施工记录表

表 C.2-1

绿色建造月度检查表

工程：

________年____月____日

序号	检查项目	检查结果符合要求		实测值	不符合项目描述
		是	否		
1	节材措施是否落实				
2	节水与水资源利用是否落实				
3	节能与能源利用是否落实				
4	节地与施工用地保护是否落实				
5	扬尘控制是否落实				
6	有害气体排放控制是否落实				
7	水土污染控制是否落实				
8	噪声污染控制是否落实				
9	光污染控制是否落实				
10	建筑垃圾控制和循环利用是否落实				
11	职业健康是否落实				
12	卫生防疫是否落实				
13	材料、机械设备数据库动态管理是否落实				

建设单位：　　　　监理单位：　　　　施工单位：

表 C.2-2

绿色建造月度检查记录表

工程：

________年____月____日

项目	检查内容	符合	不符合
1	对生产现场的人、机、物实行了定置管理，并根据施工各阶段绘制动态现场平面图，区域划分合理，办公区、生活区、加工区、材料区、施工道路、水电路径、消防器材、休息点等区域设施界线分明；临建占地面积有效利用率大于 90%；临时道路与永久道路结合利用；临建设施采用预制装配式；安全防护应定制化、工具化、标准化、可拆迁、可回收材料		
2	编制绿色策划实施方案及相关的专项方案；制定绿色建造管理制度并明确人员责任；建立绿色建造培训及交底制度；施工合同中含有绿色施工要求；绿色建造施工全过程有真实记录和影像资料；不得使用命令淘汰的高效能设备产品和禁止使用的技术及材料；编制相关的应急预案并进行演练；采用“建筑业 10 项新技术”“电力建设五新技术”；建立材料、施工机械设备数据库，并做节能减排分析报告		

续表

项目	检查内容	符合	不符合
3	施工现场设置洗车槽，配置洒水设备，有专人负责；施工现场安装空气质量监测设备，采取自动喷雾等降尘联动措施，有详实记录；构件、预埋件等统一加工，集中焊接，配有电焊烟气净化设备		
4	厕所、排水沟及阴暗潮湿区域定期清扫消毒，记录详实；废水、污水 pH 值达到 6～9，设置相应的处理设施，按规定排放或有专业环卫单位清掏；采取有效措施防范光污染；采取有效降噪隔音与隔振措施，噪声昼间不大于 70dB（A），夜间不大于 55dB（A）；机具设备无“跑、冒、滴、漏”情况，有保养和日检点记录		
5	主要建材损耗率比定额损耗率低 30%以上；绿色材料采购、物控采用物联网及数据化管理；钢筋采用定制钢筋、集中加工和模块化施工；根据结构型式，选用可周转的定型钢膜、铝膜板等；脚手架采用盘扣式、承插式；钢结构、管道采用工厂化预加工；采用高效能混凝土、预拌混凝土和预拌砂浆		
6	节水定额指标纳入合同条款，计量考核，用水量节省不低于定额用水量的 10%；采用节水系统和节水器具，配置率达到 100%；设立雨水收集利用系统和循环用水装置；管网和用水器具不应渗漏；混凝土养护采用全自动控制系统；施工、办公及生活等区域分表计量用水，记录详实		
7	施工、办公、生活和设备用电分类计量及统计、核算、对比分析，记录详实；节能照明灯具使用率达到 100%，宜采用声控延时等自动系统；节电设备（设施）配置率大于 80%；设立太阳能等清洁能源供电系统		
8	建筑垃圾、生活垃圾、废旧物品分类收集、分类投放、集中堆放、循环利用、合规处理，相关制度和动态管理记录齐全，由专业单位定期清理；建筑垃圾利用率大于 30%；建筑垃圾产生量比目标值低 10%以上；固体废弃物排放量低于标准值 50%；生产、生活、办公废品分类回收，记录详实		
9	采用全场综合安防系统；建设期间采用综合信息管理系统；开展“新技术、新设备、新流程、新材料、新工艺”的开发和推广应用		
…	…		
检查意见： 建设单位：　　　　监理单位：　　　　施工单位：			

表 C.2-3　　用电量统计表

工程名称：

序号	时间（年、月、日）	用电量（kWh）			小计（kWh）	计划用电量（kWh）	超出/节约量（kWh）	记录人	监理工程师
		施工区							
		办公区							
		生活区							
		其他							

表 C.2-4

用水量统计表

工程名称：

序号	时间（年、月、日）	用水量（m^3）		小计（m^3）	计划用水量（m^3）	超出/节约量（m^3）	记录人	监理工程师
		施工区						
		办公区						
		生活区						
		其他						

表 C.2-5

噪声监控记录表

工程名称：

监测仪器				监测日期	
工程进度				监测人	
序号	监测时间（时、分）	监测位置	测量值	达标情况	备注
				是□　否□	

监理工程师：

表 C.2-6　　既有建构筑物利用表

工程名称：

序号	利用项目名称	既有建构筑物利用量（m^2）	永临结合利用量（m^2）	备注
1	房屋			
2	道路			
3	水电管线			
4	消防棚			
5	…			

记录人：　　　　　　　　　　监理工程师：　　　　　　　日期：

表 C.2-7　　阶段施工用地统计表

工程名称：

施工阶段			
序号	用地类型	占地面积	占地有效利用率
1	临时道路		
2	办公区房屋		
3	材料堆放区		
4	材料加工区		
5	现场绿化		
6	生活区房屋		
7	其他建筑物		
8	其他		
9	…		
合计			
填表人		日期	

注　1．按地基处理、基础、主体、装饰、电气安装等阶段填写。

2．临时占地有效利用率不小于 90%。

表 C.2-8　　　　新型模板统计

工程名称：

序号	统计时间	模板名称	数量(m²)	周转次数	效果分析	备注
					好□　一般□　差□	

统计记录人：　　　　　　　　监理工程师：

表 C.2-9　　　　再生能源利用统计

工程名称：

序号	时间（年、月、日）	太阳能转换用电量（kWh）			记录人	监理工程师
		路灯	热水器	其他		
合计						

表 C.2-10 污水池、化粪池清理记录

工程名称：

序号	时间（年、月、日）	位置	清理垃圾量	清理单位	记录人	监理工程师

表 C.2-11 垃圾清运记录

工程名称：

序号	时间（年、月、日）	垃圾种类	数量	清理单位	记录人	监理工程师

表 C.2-12　　卫生设施、排水沟及阴暗潮湿地带消毒记录表

工程名称：

序号	消毒时间	消毒位置	消毒方法及药品	消毒人	检查人	备注
		生活区卫生间	喷雾/84			
		食堂排水沟	喷雾/84			
		…	…			

注　需分别对生活区和办公区卫生设施、排水沟及阴暗潮湿地带进行记录。

表 C.2-13　　工程污水排放监测记录情况表

工程名称：

序号	时间（年、月、日）	监测位置	达标情况 pH	记录人	监理工程师

注　1. 测量位置应该是工程污水排入市政管网的出水口，该工程所有出水口都检测。

2. 回收中水、雨水用于混凝土养护、砂浆搅拌时，还需进行另外的检测并满足相关要求。

表 C.2-14　　建筑垃圾回收利用统计台账

工程名称：

序号	建筑垃圾种类		产生垃圾量（kg）	回收利用率（kg）	废弃物排放量（kg）	备注
1	钢筋					
2	混凝土	碎块				
		剩余				
3	模板					
4	方木					
5	砌块					
6	石膏板、细木工板					
7	聚合物砂浆					
8	块材					
9	土方（现储存量）					
10	其他					
记录人：			监理工程师：		日期：	

注　建筑垃圾回收利用不小于 30%。

附录 D

绿色移交管理模板

D.1 绿色设计总结

_____工程

绿　色　设　计　总　结

XX单位（章）

____年____月____日

批　　准：____________________　________年____月____日

审　　核：____________________　________年____月____日

编　　写：____________________　________年____月____日

目 录

1 工程概况
1.1 工程规模
1.2 工程特点
1.3 参建单位
2 绿色设计成果记录
2.1 集成设计情况
2.2 绿色材料选用情况
2.3 环境保护和水土保持设计情况
2.4 节能新技术、新设备、新材料、可循环再利用材料应用
3 绿色设计符合性评价
4 存在不足及改进措施

注：上述目录仅供参考。

D.2 绿色施工总结

______工程

绿 色 施 工 总 结

XX单位（章）

____年____月____日

批　准：____________________ ________年____月____日

审　核：____________________ ________年____月____日

编　写：____________________ ________年____月____日

目　　录

1 工程概况

1.1 工程规模

1.2 工程特点

1.3 参建单位

2 环保措施实施情况记录

2.1 污水处理

2.2 绿色材料选用情况

2.3 噪声控制

2.4 扬尘控制

3 水保措施实施情况记录

3.1 水保工程措施

3.2 临时措施

3.3 植物措施

3.4 余土处置措施

4 施工过程记录

4.1 采用绿色、节能新技术

4.2 可循环再利用材料使用

4.3 临时设施中周转设备（料）重复使用

5 绿色施工符合性评价

6 存在不足及改进措施

注：上述目录仅供参考。

附录 E

绿色建造关键指标

绿色建造关键指标

序号	关键指标	指标名称	目标值	指标计算公式
1	节约资源	建筑垃圾综合利用率	70%	$J = J_1/J_2$ 式中 J_1——建筑垃圾重新利用或者分类回收数量； J_2——建筑垃圾总数量
2		节水率	70%	$S = (S_1+S_2+S_3)/100$ 式中 S_1——生活办公区域，以及建成后变电站的卫生器具用水效率全部达到 2 级，得 40 分；其中 50%以上达到 1 级，得 50 分；全部达到 1 级，得 60 分； S_2——冲洗现场机具、设备、车辆以及冲厕，采用非传统用水比例不低于 50%，得 30 分；每低 1 个百分点扣 1 分，扣完为止； S_3——施工阶段和建成后变电站空余地坪，不设置使用传统用水的绿化浇灌管网，得 10 分
3		节能率	70%	$N=(N_1+N_2+N_3+N_4)/100$ 式中 N_1——生活办公区域、施工现场，以及建成后变电站内的三相配变、水泵、风机、施工机械、空调等装置 100%使用节能型电气设备及节能控制措施，得 50 分；每低 1 个百分点，扣 1 分，扣完为止； N_2——生活办公区域，施工现场，以及建成后变电站内 100%使用节能型灯具，得 30 分；每低 1 个百分点扣 1 分，扣完为止； N_3——临时建筑结合日照和风向等自然条件，合理采用自然采光、通风、外窗遮阳等设施，得 10 分； N_4——监测施工现场重点耗能设备的能源利用情况，并留存记录，得 10 分
4	保护环境	临时用地恢复率	95%	$T=T_1/T_2$ 式中 T_1——项目建设区内临时用地在规定时间内完成复垦的面积； T_2——临时占地总面积
5	保护环境	污水达标排放率	100%	$W=(W_3W_2W_1)/W_3$ 式中 W_1——未经处理的污水直接排入河道或城镇排水设施的数量； W_2——经处理后不符合《污水综合排放标准》但依然向外排放的污水数量； W_3——全部污水数量

续表

序号	关键指标	指标名称	目标值	指标计算公式
6	保护环境	施工场地扬尘控制合格率	90%	$Y=Y_1/Y_2\times100\%$ 式中 Y_1——施工现场扬尘符合地方政府规定的施工场地扬尘排放标准的天数； Y_2——总施工工日数。 扬尘数据通过扬尘和噪声监测装置进行记录；未记录天数按不合格计算
7		噪声排放合格率	90%	$Z=Z_1/Z_2\times100\%$ 式中 Z_1——周围有噪声敏感建筑物的施工现场，噪声排放符合 GB 12523《建筑施工场界环境噪声排放标准》的天数； Z_2——总施工工日数。 噪声排放数据通过噪声监测装置进行记录；未记录天数按不合格计算
8	减少排放	碳排放核算率	80%	$C=(C_1+C_2)/100$ 式中 C_1——设计单位对工程建设的碳排放量进行定量计算得 50 分，定性计算得 40 分； C_2——施工单位在自评价阶段对碳排放量进行定量计算得 50 分，定性计算得 40 分
9		绿色建材应用率	70%	$L=[(L_1+L_2+L_3+L_4)/100]\times100\%$ 式中 L_1——主体结构材料指标实际得分值； L_2——围护墙和内隔墙指标实际得分值； L_3——装修指标实际得分值； L_4——其他指标实际得分值
10	提高效率	变电工程预制件使用率	80%	$Q=(Q_1+Q_2+Q_3+Q_4+Q_5)/(1+Q_6)$ 式中 Q_1——雨污水井圈和井盖使用预制件，得 20 分； Q_2——庭院灯基础使用预制件得 20 分； Q_3——建筑物散水使用预制件，得 20 分； Q_4——主变压器油池压顶或电缆沟压顶使用预制件，得 20 分； Q_5——围墙、防火墙、空调基座、电缆沟等其他部位采用预制件，每 1 项得 20 分； 各项累加超过 100 分的，按 100 分计算
11	保障品质	绿色建造优质率	90%	$P=(P_1+P_2+\cdots+P_n)/n$ 式中 P_N（$N=1,2,\cdots,n$）——上级单位复检或抽查工程的绿色建造评价得分率； n——抽查的工程数量

注 1．第 1 项关键指标“建筑垃圾综合利用率”中的建筑垃圾指工程渣土、废弃泥浆、工程垃圾、拆除垃圾、装修（安装）垃圾五大类。其中建筑垃圾总量按照外运数量、再利用数量和回收数量相加进行计算。综合利用数量为可按照以下 4 个部分计算：①建筑垃圾外运数量乘以项目所在地政府制定的建筑垃圾综合利用率；②建筑垃圾回收数量；③建筑垃圾再利用数量；④利废建材数量。

2．第 2 项关键指标“节水率”中 S_1 分项指标应参照 GB/T 18870《节水型产品通用技术条件》的要求，核查施工阶段和建成后变电站节水卫生器具的配置比例。S_2 分项指标可通过照片或影像等资料核查施工现场是否设置非传统水源收集装置，未设置的，该项全扣。设置非传统水源回收装置的，可根据安装于非传统水源的水表度数来计算比例。未安装水表的，施工单位应提供使用比例的佐证材料。未能提供佐证材料的，该分项指标不得分。

3. 第 3 项关键指标“节能率”中 N_1 分项指标应通过查阅相关设计文件、相关设计说明、相关产品型式检验报告，核查三相配电变压器、水泵、风机、空调等装置是否满足国家现行有关标准的节能评价值，并按照数量统计占比。N_2 分项指标可通过节能灯具数量和全部灯具数量计算占比。N_3 分项指标主要核查临时建筑是否配备合理的通风、遮阳、保温等措施，有措施的可直接得分。N_4 分项指标主要核查现场是否对耗能大的设备进行监测，并与其额定功率值或者定额中能耗值进行比对，有相关记录可直接得分。

4. 第 4 项关键指标“临时用地恢复率”，在施工阶段计算时，可直接引用《生产建设项目水土流失防治标准》六大指标中的“表土保持率”指标。工程竣工后计算时，可直接引用《生产建设项目水土流失防治标准》六大指标中的“林草恢复率”指标。

5. 第 5 项关键指标“污水达标排放率”可通过核查施工现场是否存在产生泥浆但未设置泥浆水沉淀池、生活区域未设置化粪池或隔油池、雨污未分流等情况，以及是否存在排污不达标被政府部门勒令整改的问题，每发生一起可根据严重程度酌情扣减 30%～100%分值。

6. 第 6 项关键指标“施工场地扬尘控制合格率”可通过比对扬尘监测仪记录的数据与地方政府制定的扬尘最高限值（超标的判定标准参照地方政府相关要求执行），按照扬尘超标天数除以总施工天数计算合格率。线路工程涉及多个塔基的，按照塔基监测数量合并计算。使用商品混凝土的线路基础，可不纳入统计。

7. 第 7 项关键指标“噪声排放合格率”可通过核查噪声监测仪记录的数据与排放最高限值进行比对，按照噪声超标天数除以总施工天数计算合格率。周围无噪声敏感建筑物的线路塔基，可不纳入统计。

8. 第 8 项关键指标“碳排放核算率”用于引导各单位积极开展输变电工程建设碳排放核算工作；待碳排放核算体系建立后，该项指标可修改为“降碳节碳率”。

9. 第 9 项关键指标“绿色建材应用率”参照 GB/T 50378《绿色建筑评价标准》进行计算。L_1 分项指标满分 30 分，主体结构为装配式建筑物的，直接得 30 分；主体结构为钢筋混凝土的，商品混凝土应用率在 80%～100%之间，按照插值法得 15～20 分，预拌砂浆应用率在 50%～100%之间，得 5～10 分。L_2 分项指标满分 25 分，围护墙和内隔墙墙体绿色建材达到 80%，分别得 15 分和 10 分。L_3 分项指标满分 30 分，内墙涂料、门窗、玻璃使用绿色建材比例达到 80%，各得 10 分。L_4 分项指标满分 15 分，洁具、防水材料、密封材料使用绿色建材比例达到 80%，各得 5 分。

10. 第 10 项关键指标“变电工程预制件使用率”根据采用的预制构件种类进行计算，包括但不限于上表中所列的项目。

11. 关键指标共 11 项，其中前 10 项针对工程进行评价，最后 1 项关键指标“绿色建造优质率”主要用于企业对建设单位、建设单位对参建单位的绿色建造工作开展情况的评价。

12. 关键指标及目标值根据国家、行业和企业最新管理要求，实行动态调整。